W0247186

Jörg Zittlau
Warum Affen für die Liebe zahlen

Jörg Zittlau

Warum Affen für die Liebe zahlen

Noch mehr Pleiten und Pannen im Bauplan der Natur

Mit Illustrationen
von Lucia Obi

Ullstein

ISBN 978-3-550-08744-8

© Ullstein Buchverlage GmbH, Berlin 2008
Alle Rechte vorbehalten
Illustrationen: © Lucia Obi
Gesetzt aus der Minion bei
LVD GmbH, Berlin
Druck und Bindung: CPI – Clausen & Bosse, Leck
Printed in Germany

Inhalt

Irren ist tierisch

Warum Robben kein Blau sehen und Elche ins Altersheim gehen, wissen wir seit dem ersten Buch über die
Pleiten und Pannen im Bauplan der Natur.[1]

Dass es zum Bestseller wurde, hat uns veranlasst,
Ausschau nach weiteren Mängeln im Tierreich zu halten. Was beispielsweise hat es auf sich mit Zieseln, die
sich dumm schlafen, Echsen, die das Weglaufen verlernt
haben, und Vögeln, die mit sicherem Instinkt in die falsche Richtung fliegen? Zahlreiche neue Kuriositäten
wurden entdeckt. Nach den Recherchen waren es sogar
dermaßen viele, dass ihre Darstellung nicht mehr zwischen zwei Buchdeckel gepasst hätte und man – mit
ähnlich strenger Hand wie die Evolution – aussieben
musste. Wobei diese Datenfülle vor allem zwei Ursachen hat, nämlich einerseits, dass der Autor mittlerweile
rettungslos vom liebevollen Pleiten-und-Pannen-Blick
auf die Tierwelt infiziert ist, und andererseits, dass die
Natur ebendiesen Blick belohnt, weil es in ihr alles andere als perfekt zugeht und nur so von Unzulänglich-
keiten wimmelt.

Nichtsdestoweniger wird sich der eine oder andere
zunächst schwer damit tun, das irdische Leben als An-
häufung von Mängelwesen zu sehen. Möglicherweise
deshalb, weil es seiner Weltanschauung widerspricht,

---

1 Jörg Zittlau: *Warum Robben kein Blau sehen und Elche ins Altersheim
gehen. Pleiten und Pannen im Bauplan der Natur.* Berlin, Econ 2007

möglicherweise aber auch deshalb, weil er es anders gelernt hat. Denn erinnern Sie sich noch an die altbekannten Evolutionstafeln aus der Schule? Das Leben dort kannte nur eine Richtung: aufwärts – von den wuseligen Niederungen des primitiven Lebens, den Einzellern und Wirbellosen, über die temperaturabhängigen Fische, Lurche und Reptilien bis zu den warmblütigen Vögeln und Säugetieren. Ganz am Ende und damit ganz oben standen dann die Primaten (die nicht umsonst so heißen) und schließlich der Mensch, der zwar nicht mehr die Krone der Schöpfung, wohl aber die Spitze der Evolution darstellen sollte.

Es ist irreführend, die »niederen« Lebewesen als Übergang zu den komplexeren Lebewesen zu betrachten, wie es diese Darstellungen oft tun. Sie implizieren, dass beispielsweise die Fische lediglich eine Vorstufe auf dem Weg zum Homo sapiens bilden. Dabei existieren sie bis heute. Mit fast 30 000 Arten stellen Fische mehr als die Hälfte aller Wirbeltiere. Ein echtes Erfolgsmodell also, doch in den gängigen Darstellungen der Evolution bleibt ihnen nur die Rolle einer Übergangserscheinung auf dem Weg zu weiteren, höheren Tierarten. Weswegen der amerikanische Evolutionsforscher Stephen Jay Gould zu Recht fragt: »Ist es nicht absurd, die Mehrheit aller Wirbeltiere aus der weiteren bildlichen Darstellung zu verbannen, nur weil ein kleinerer Zweig des Stammbaums seinen Wohnort aufs Trockene verlegte?«

Dabei zeigt schon ein näherer Blick auf den Antriebsmotor der Evolution, dass die Entwicklung nicht geradlinig zum Besseren verläuft. Dieser Antriebsmotor ist nämlich die Mutation, jene willkürliche Veränderung des Erbgutes, die überhaupt erst dazu führt, dass die Nachkommen Anlagen entwickeln können, die ihre Eltern noch nicht hatten. Biologiestudenten lässt man gerne mit Fruchtfliegen experimentieren, damit sie eine Ahnung davon bekommen, wie Genetik funktioniert. Durchaus möglich, dass dabei einer Fliege plötzlich ein Bein aus dem Auge wächst. Mutation kennt in der Regel kein Ziel. Der Dozent gibt dann vermutlich die Anweisung, das arme Tier von seinem Leiden zu erlösen. Aber prinzipiell könnte man die Bein-Augen-Fliege auch in die Freiheit entlassen – dann würde der Selektionsdruck der Natur entscheiden, ob sie eine Zukunft hat. Höchstwahrscheinlich hätte sie keine. Wenn diese eine Bein-Augen-Fliege allerdings eine sehr clevere Fliege wäre, die sich mit ihrer neuen Errungenschaft Vorteile im Überlebenskampf verschaffen könnte, würde sie überleben und Nachkommen produzieren. Irgendwann hätten wir dann möglicherweise sogar eine neue Fliegen-Spezies – und die Kreationisten ein weiteres Beispiel für das kreative Design der göttlichen Schöpfung. In jedem Fall würde niemand mehr davon sprechen, dass ihr Bein-Auge ursprünglich nichts anderes war als ein absurder Schnitzer der Natur.

Gegen die Zielgerichtetheit der Evolution spricht auch, dass es gerade in den »Spitzenpositionen«, also bei den Säugetieren, nur so wimmelt von Pleiten und Pannen. So bekam etwa die Giraffe meterlange Beine und einen noch längeren Hals, damit sie sich an höheren Baumwipfeln laben konnte. Der Haken an dieser Konstruktion: Die Giraffe ist ungelenkig. Wenn Gefahr droht, muss sie direkt vom Gehen in den Sprint wechseln, denn beim Traben würde sie stolpern und zur leichten Beute werden. Das ist so, als würde man beim Auto vom ersten in den fünften Gang hinaufschalten – und die entsprechende Energieverschwendung und einen Getriebeschaden in Kauf nehmen.

Bei den Abendseglern entschied sich die Evolution dafür, in die Hoden zu investieren. Leider ist dabei das Gehirn zu kurz gekommen – mit der Folge, dass die Tiere, die zu den eigentlich eleganten Fledermäusen gehören, als Flieger recht ungeschickt sind und bei der Quartiersuche mühsam losstapfen, anstatt sich einen Überblick aus der Luft zu verschaffen. Die Lemminge begehen zwar keinen kollektiven Suizid, wie viele glauben, doch ihr Leben ist in Anbetracht unendlich vieler Feinde und unendlich kärglicher Nahrungsreservoirs so schwer, dass man verstehen würde, wenn sie Selbstmordgedanken hätten. Der Hamster wiederum reagiert auf Stress in einer Weise, die auch uns Menschen nicht unbekannt ist: Er frisst sich Kummerspeck an. Für den Kampf ums Überleben in freier Natur ist das jedoch keine brauchbare Strategie.

Trotzdem gibt es alle diese Tiere noch. Und warum? Weil sie es auf die eine oder andere Weise geschafft haben, mit ihren Pannen umzugehen. Genau darum geht es in diesem Buch. Manche Tiere schaffen es sogar, einen Vorteil aus ihren Absonderlichkeiten zu ziehen – wie der Delfin, der als Säuger ständig zum Luftholen an die Wasseroberfläche muss und deshalb nie richtig schlafen darf. Er hat aber andererseits dadurch immer ein waches Auge auf Feinde. In der Evolution kommt es eben nicht darauf an, perfekt zu sein, sondern darauf, seine Macken hinzunehmen und das Beste daraus zu machen. Und das ist ja auch für uns Menschen ein tröstlicher Gedanke.

Wirbellose: Das Leben
kann einfach sein

Schon der Begriff »Wirbellose« klingt nicht gerade nett, er klingt sogar geradezu rassistisch. Impliziert er doch, dass diesen Tieren etwas Wichtiges fehlt. So ähnlich, wie einem Hirnlosen bescheinigt wird, dass ihm das zentrale Organ des Denkens fehlt, so wird auch dem Wirbellosen attestiert, dass ihm das Rückgrat fehlt. Und damit wird ihm gleichzeitig der Stempel aufgedrückt: »Du bist primitiv.«

Zoologen entschuldigen zwar ihre despektierliche Wortwahl gerne damit, dass es sich bei dem Begriff »Wirbellose« lediglich um ein »Form-Taxon« zum Zwecke der Übersichtlichkeit handle, das keine Entsprechung zu den real existierenden Verwandtschaftsmerkmalen habe, denn dazu seien solche Tiere wie Schwämme, Insekten und Schnecken natürlich viel zu unterschiedlich. Doch diese Entschuldigung klingt fadenscheinig. Es ist ungefähr so, als wenn man einen Hartz-IV-Empfänger erst zur proletarischen Unterschicht zählt und danach erklärt, dass man das nur der Übersichtlichkeit halber getan habe.

Tatsache ist, dass die Wirbellosen nicht nur sehr heterogen, sondern auch keinesfalls so unterentwickelt sind, wie es ihr Name vermuten lässt. Unter ihnen finden sich Ameisen, Termiten und Bienen mit ihren hoch entwickelten Staaten, Krebse, die sich zu Marathonläufen treffen, Schnecken, die je nach Bedarf ihr Geschlecht wechseln können, oder hartgesottene Mini-Bären, die selbst im Tiefkühlfach überleben. Und Regenwürmer verwandeln mit ihrer Wühlarbeit nicht nur ödes Gelände in fruchtbare Äcker, sie treffen sich auch zu mehrstündigen, geradezu kamasutraähnlichen Liebesspielen oberhalb der Grasnarbe. (Dass sie ausgerechnet ihren Fortpflanzungsakt mitten im grellen Tageslicht vollziehen und dabei zur leichten Beute für Vögel werden, gehört freilich in die Kategorie Pleiten und Pannen.)

Insgesamt kann man die Wirbellosen sicherlich nicht zu den dumpfen Einfaltspinseln der Tierwelt zählen. Selbst größenmäßig sind ihnen, trotz der fehlenden Wirbelsäule, keine engen Grenzen gesetzt: Riesentintenfische können bis zu achtzehn Meter lang werden und ihre Augen haben mitunter den Durchmesser eines Fußballs, während Korallen bekanntlich sogar imstande sind, ganze Inseln zu bilden.

Kein Grund also für Despektierlichkeiten. Dennoch wollen auch wir an dem Begriff der Wirbellosen festhalten. Erstens, weil wir den Finger auf die Wunde legen und dafür plädieren wollen, diesen Begriff endlich aus den Biologiebüchern zu eliminieren. Zweitens aber auch, weil wir uns in einem Pleiten-und-Pannen-Buch befinden. Da kann man schon mal den einen oder anderen Pleiten-und-Pannen-Begriff beibehalten, auch wenn er politisch nicht korrekt ist. Sie wissen schon: wegen der Übersichtlichkeit.

Schneck' lass nach: Warum ein Zwitterleben nicht wirklich glücklich macht

Keine Klasse hat unter den Weichtieren so viele Arten entwickelt wie die Schnecke, nämlich 43 000. Das sind fast achtzig Prozent aller bekannten Weichtierarten. Allein das zeigt, dass das Prinzip »Harte Schale mit weichem Kern« (die meisten Schnecken tragen ein Kalkhaus auf ihrem Rücken) so falsch nicht sein kann. Da macht es dann auch nichts, wenn man nur einen halben Meter pro Minute vorwärtskommt.

Doch so langsam sie beim Kriechen sind, so flexibel können vor allem die Landexemplare bei der Fortpflanzung sein. Sie sind nämlich Zwitter; jedes Exemplar kann also gleichzeitig Männchen und Weibchen sein. Einige von ihnen besitzen zur Stimulierung ein als »Liebespfeil« bezeichnetes Kalk-Stilett, das sie ihrem Partner während der Begattung in die Fußsohle stechen.

Die bekannte Weinbergschnecke benutzt ihren Pfeil nur ein Mal und lässt ihn dann in der Haut des Partners stecken. Doch es gibt auch andere Arten, die regelrechte Stimulationsexzesse praktizieren. Wie etwa die Samurai-Schnecke, deren Name ja schon eine härtere Gangart verspricht. Ihr Sex dauert knapp eine Stunde und in dieser Zeit sticht jede ihren Partner durchschnittlich 3300 Mal, das entspricht fünfundzwanzig Stichen pro Sekunde. Die Schneckenritter stoßen ihr etwa fünf Zentimeter langes Liebesstilett mit solcher Wucht schräg in den Leib des anderen, dass er unter dem Fuß des Partners wieder herauskommt. Das Ganze erinnert eher an eine elektrische Nähmaschine als an einen zärtlichen Liebesakt.

Bleibt die Frage nach dem Sinn dieses heftigen Piercing-Marathons. Wissenschaftler vermuten, dass das Stechen nicht nur der Stimulation dient, sondern auch dem Überleben der eigenen Spermien im Körper des Partners. Denn die Schnecke injiziert bei jedem Stich etwas hormonhaltigen Schleim, der die gespendeten Samenzellen vor dem Immunsystem des Partners schützt. Der Haken an dieser Theorie: Viele Tiere werden bei dem Brutalo-Sex so schwer verletzt, dass sie für die Fortpflanzung ausfallen oder sogar sterben. Was aber nützen die vielen Spermien im Körper einer toten Schnecke?

Überhaupt lohnt es sich, den Zwitter-Sex der Schnecken einmal näher unter die Lupe zu nehmen. »Auf den ersten Blick scheint er eine Ideallösung zu sein«, erklärt der Biologe Nicolaas Michiels von der Universität Tübingen. »Die ultimative sexuelle Gleichheit, alles für alle, jeder mit jedem.« Insbesondere könne, wie der aus Belgien stammende Forscher weiter ausführt, »ein Zwitter in jeder Situation genau die Rolle auswählen, die ihm aktuell den höchsten Erfolg bietet«. Man stelle sich vor, beim Menschen wäre die Fortpflanzung unabhängig vom Geschlecht der beiden Partner. Es müssten also nicht mehr Mann und Frau zusammenkommen, sondern einfach nur zwei Menschen, die in der Entscheidung für ihr Geschlecht ab-

solut offen sind. Die Partner hätten dann viel mehr
Spielraum, um ihre Beziehung zu gestalten.

Auf den zweiten Blick offenbart der Hermaphro-
ditismus aber auch zahlreiche Tücken. So stellt sich
schon beim Zusammentreffen der Zwitter die Frage: Wer spielt den Mann und wer die Frau? Im güns-
tigsten Fall sind sich beide einig. Und wir Menschen
neigen dazu, sogenannten niederen Tieren wie den
Schnecken zu unterstellen, dass sie sich meistens einig
sind, nach dem Muster: »Wer nicht genug Intelligenz
besitzt, hat auch keine Interessenkonflikte, er geht mit
seinen Instinkten durchs Leben, die ihn zielsicher zum
Arterhalt führen.« Tatsache ist jedoch: Über die Ver-
paarung führen Schnecken oft einen harten Identi-
tätsdisput. Weil nämlich das jeweilige Geschlecht dem
Tier völlig unterschiedliche Investitionen und Ener-
gien abverlangt.

Kommt es innerhalb einer Schneckenart relativ häufig zu Paarungen, ist es anstrengender, ein Männchen
zu sein, weil man viele Spermien produzieren und
viele Begattungen vornehmen muss, wenn man sich
im Konkurrenzkampf um die Weitergabe
der Gene behaupten will. In diesem
Falle will jeder der beiden Schne-
ckenpartner am liebsten ein
Weibchen sein. Kommt es
hingegen nur selten zu
Paarungen, ist der
Spermienbe-
darf niedrig,

sodass es anstrengender ist, ein Weibchen zu sein, weil Eier erheblich größer und dadurch aufwendiger zu produzieren sind als Samenzellen. Hier streiten sich die Paarungsbeteiligten dann um die Rolle des Männchens.

Einige Schnecken lösen ihre sexuellen Konflikte, indem sie beim Koitus die Rollen wechseln. Einmal spielt also die eine Schnecke den Mann, später die andere. Klingt wie ein harmonisches und stillschweigendes Agreement. Ist es aber nicht, weil die Beteiligten ganz konkrete Erwartungen dabei haben. Wie Nils Anthes von der Universität Tübingen festgestellt hat, achtet jede Schnecke penibel darauf, dass sie nicht übervorteilt wird. Der Evolutionsforscher verklebte bei Kopfschildschnecken den Samenkanal, mit der Folge, dass sie wohl noch kopulieren, aber keinen Samen mehr übertragen konnten. Versuchte daraufhin eines dieser manipulierten Tiere sein Glück bei seinesgleichen, kam es regelmäßig zum Eklat: Das enttäuschte Partnertier beendete den Liebesakt und kroch umgehend davon. Es wollte eben nicht nur Samen weitergeben, sondern auch empfangen – und fühlte sich daher durch den samenlosen Pseudo-Mann betrogen.

Die Weinbergschnecke setzt hingegen bei der Lösung der sexuellen Diskrepanzen auf die Macht der Manipulation. Wenn sie ihren Liebespfeil in den Fuß des Partners schickt, dann injiziert sie ihm dabei Geschlechtshormone, um ihn zu verweiblichen. Ganz schön heimtückisch. Und dabei ist sie nicht einmal

immer erfolgreich, denn das Partnertier tut desglei-
chen und schießt zurück. Bei dem Versuch, sich gegenseitig zu verweiblichen, kommen häufig beide um,
weil die Injektionen sehr heftig ausgeführt werden
und mitunter lebenswichtige Organe treffen. Am Ende
hat man dann weder männliche noch weibliche, sondern nur noch zwei tote Schnecken. Das kann eigentlich nicht im Sinn des Arterhalts sein.

Der Mini-Bär im Tiefkühlrausch: Das Bärtierchen ist zu tough, um von dieser Welt zu sein

Man muss nicht unbedingt nach Mallorca fliegen, um
pralles Strandleben genießen zu können. Ein Ausflug
an die deutschen Küsten reicht völlig. Denn wer bei
Cuxhaven oder auf Norderney seinen Fuß in den
Sand setzt, hat in diesem Augenblick etwa 100 000
mehr oder weniger muntere Tierchen unter der Sohle.
Unter einem ausgebreiteten Badetuch dürften es bis
in einen Meter Tiefe sogar um die zehn Millionen
sein.

Sandlückenfauna nennt sich das tierische Gewusel
im Küstensand. Das Wasser legt dort mit seiner Ober-
flächenspannung einen feinen Film um die einzelnen
Sandkörner, die dadurch Distanz zueinander halten
können. Der Abstand ist zwar nur hauchdünn, doch

den Sandlückenbewohnern reichts: Sie sind optimal an das unwirtliche Strandleben angepasst und dazu gehört, dass sie nicht größer als ein Millimeter sind. Trotzdem kann man sie mit einem Trick auch ohne Mikroskop »sichtbar« machen: Sand in einen Eimer füllen, Wasser dazugeben, umrühren – und dann zusehen, wie es schäumt. Je mehr Schaum, desto mehr organisches Material ist im Sand.

Der deutsche Zoologe Adolf Remane entdeckte vor etwa achtzig Jahren als Erster die Artenvielfalt im Strandboden. Seitdem wurden zwar diverse Erkenntnisse gesammelt, doch es könnten, wie der Biologe Werner Armonies von der Wattenmeerstation Sylt beklagt, weitaus mehr sein, »wenn in die entsprechenden Forschungen mehr Geld fließen würde«. Die Wirtschaft und auch die öffentliche Hand hätten bisher aber nur wenig Interesse. Möglicherweise ein Fehler. Denn die Lebensbedingungen im Strand sind hart. Wer dort überleben will, muss über Anpassungsmechanismen verfügen, von denen auch der Mensch viel lernen könnte.

Allein die Flut ist für die Winzlinge in den Sandlücken wie ein Hurrikan. Es heißt dann: Entweder mitschwimmen oder festhalten. Beim Hakenrüssler verrät schon der Name, wie er sich in den unterirdischen Strandtunneln festhält. Der Fadenwurm hingegen sondert Drüsensekrete ab, mit denen er sich an Steinchen oder Muscheln kleben und bei Bedarf wieder lösen kann. Ein Trick, den so mancher leidgeprüfte Bastler gerne beherrschen würde.

Auch beim Jagen steckt das mikroskopische Küstenvolk voller Kreativität. Allerdings geht es dabei nicht gerade zimperlich zu. So hält die Meeresmilbe ihre Beutekrebse mit ihren Vorderbeinen fest, um sie bei lebendigem Leib auszusaugen. Die meisten Sandlückentiere ernähren sich jedoch von organischen Abfällen. Und dabei erbringen sie Höchstleistungen. Jeder Strand würde zum Himmel stinken, wenn die Müllarbeiter im Sand ihren Job einstellen würden. In Zusammenarbeit mit Bakterien schaffen sie es sogar, den Strand von Öl- und Sonnencremeresten zu befreien.

Die faszinierendsten Sandlückenbewohner sind aber wohl die Bärtierchen. Sie sehen unter dem Mikroskop aus wie Gummibärchen – und tatsächlich scheinen sie eher bei Haribo vom Förderband gehüpft zu sein, als dass sie sich im Rahmen der üblichen Tierevolution entwickelt hätten. Sie lassen sich keiner bestehenden Gruppe zuordnen, sodass die Wissenschaft für sie einen eigenen Tierstamm erfinden musste. Bärtierchen zählen also weder zu den wirbellosen Würmern noch zu Gliederfüßern wie Insekten und Krabben, sondern gehören ganz sich selbst. In der Fachsprache nennt man sie die Tardigraden. Das klingt nach einem alten Adelsgeschlecht – und das passt, denn auch die Bärtierchen sind unglaublich hartnäckige Überlebenskünstler…

Sie behaupten sich nicht nur unter den harten Bedingungen am Strand, sondern auch in Dachrinnen und Pfützen. Sie überleben in tropischen Regenwäldern wie im arktischen Eis. Sie bestehen aus einem Kopf sowie vier Segmenten, die jeweils mit einem einziehbaren Beinpaar ausgerüstet sind. Wobei der Begriff »Bein« etwas hoch gegriffen ist – es handelt sich vielmehr um Stummel. Diese jedoch sind mit Krallen oder Haftscheiben bewehrt, so dass sich die Mini-Bären hartnäckig festhalten können, wenn es turbulent wird und beispielsweise die Ebbe das Wasser abzieht.

Allein die Tatsache, dass die Tardigraden sich nicht vom Wasser fortspülen, sondern lieber trockenlegen lassen, obwohl sie eigentlich Wasserlebewesen sind, weist darauf hin, dass sie sich optimal auf radikale Veränderungen ihrer Umwelt einstellen können. Wird es kalt oder trocken oder auch extrem heiß, lassen sie ihren Stoffwechsel einfach eine Pause einlegen. »Der Wassergehalt im Körper sinkt dann bis auf wenige Prozent und der Wasserbär nimmt eine Tönnchenform an«, erklärt Zoologe Ralph Schill von der Universität Tübingen. Was natürlich schon die Frage aufwirft, ob diese Trockenbärchen im engeren Sinne überhaupt noch leben. Denn per Definition ist ein Wesen ohne nachweisbaren Stoffwechsel nicht mehr von der unbelebten Natur zu unterscheiden und deswegen eigentlich tot.

Doch das Bärtierchen lässt sich davon nicht einschüchtern. Sofern die richtigen Umweltbedingungen vorliegen, kann es sich binnen fünfzehn Minuten wieder selbst zum Leben erwecken. Das reicht normalerweise schon aus, um heiliggesprochen zu werden. Zumindest aber sollte man den Survival-Bären dazu überreden, etwas von seinen Nahtoderfahrungen preiszugeben. Seinem Trick, mit dem er seine Körperzellen erst in Trockenmasse verwandelt und danach wieder mit Leben füllt, sind die Wissenschaftler bisher jedenfalls nicht einmal annähernd auf die Schliche gekommen.

Bärtierchen überleben selbst Temperaturen von plus 125 Grad Celsius, was deutlich über dem Siedepunkt des Wassers liegt. Normalerweise reicht Abkochen aus, um Wasser von ebenso schädlichen wie robusten Bakterien zu befreien – doch beim härtesten aller Bären muss man schon ein paar Grad zulegen.

Noch beeindruckender ist aber seine Robustheit gegenüber Kälte. Das Bärtierchen überlebt selbst Temperaturen von minus 272 Grad, was nicht nur erstaunlich, sondern aus evolutionärer Sicht kaum möglich ist. Denn solche Temperaturen gibt es auf der Erde unter natürlichen Bedingungen nicht und sie kamen auch in den letzten Millionen Jahren nicht vor. Das Bärtierchen ist im Laufe seiner Entwicklungsgeschichte nie solcher Kälte begegnet und kann sich also unmöglich daran angepasst haben. Weswegen durchaus ernst gemeinte Vermutungen kursieren, dass es gar nicht von dieser Welt stamme, sondern als außerterrestrische Lebensform irgendwann auf unserem Globus gelandet sei, beispielsweise durch einen Kometen oder aber, was dann allerdings die meisten Wissenschaftler endgültig abwinken lässt, auf einem Ufo.

Wir wollen uns diesen Spekulationen nicht anschließen. Denn es gibt noch eine andere, viel trivialere Erklärung. Dass nämlich die Evolution, wie sie es so oft getan hat, beim Bärtierchen über das Ziel hinausgeschossen ist. Nach dem Muster: Hundert Grad minus hätten beim Frostschutz auch gereicht, aber dann sind es halt 272 geworden. Ein Luxus, der dem Mini-Bären nicht wehtut. Genauso wenig wie seine Fähigkeit, Röntgenstrahlen in hoher Dosis zu überleben, obwohl er als Wirbelloser wohl kaum auf dem Untersuchungstisch eines Orthopäden landen wird. Es hat eben längst nicht alles Sinn, was sich die Evolution als Regisseur für die Lebensgeschichte ihrer Darsteller ausgedacht hat.

So ein Mistkäfer! Der Blender
mit dem großen Horn

Keine Frage: Der Käfer ist ein Erfolgsmodell der Evolution. Es gibt ihn bereits seit 280 Millionen Jahren, in denen er es auf etwa 400 000 Arten gebracht hat. Keine andere Ordnung aus der Klasse der Insekten hat eine solche Vielfalt. Selbst im für wechselwarme Tiere ungemütlichen Mitteleuropa bringt er es noch auf achttausend Arten.

Auf den ersten Blick freilich scheint dieser Erfolg erstaunlich. Der Käfer wirkt plump: Wirft man ihn auf den Rücken, hat er oft Probleme, sich wieder in die richtige Position zu bringen. Im Flug ähnelt er mit seinen harten Deckflügeln und den zarten Hinterflügelchen der Kombination aus einem alten Eindecker mit starren Tragflächen und einem ratternden Hubschrauber mit zu kleinem Propeller. Wenn er in die Luft geht, ist er nicht annähernd so elegant wie eine Libelle, nicht so flink wie eine Stubenfliege und erst recht nicht so ausdauernd wie eine Biene. Weswegen dann auch einige Käferarten das Fliegen gleich ganz eingestellt haben, weil es ihnen im Alltag keine Vorteile mehr gebracht hat.

Eine Tierordnung mit so vielen Arten hat natürlich auch diverse Exzentriker hervorgebracht. So erreicht der brasilianische Riesenbockkäfer eine Länge von siebzehn Zentimetern – so einem will man nicht unbedingt im heimischen Kohlbeet begegnen. Der Käfer selbst hat allerdings noch größere Probleme mit seinen Ausmaßen. Denn er verfügt, wie alle Insekten, über Tracheen, die als primitives Röhrensystem beim Sauerstofftransport nicht annähernd so effektiv sind wie der Blutkreislauf, den man von Vögeln und Säugetieren kennt. Die Folge: Je größer der Käfer, desto mehr Probleme hat er mit der Sauerstoffversorgung. Der Riesenbockkäfer ist deshalb überaus träge und dadurch eine leichte Beute für jeden, der sich von seinen Ausmaßen nicht beeindrucken lässt.

Beim ebenfalls gigantischen Goliathkäfer aus Zentralafrika kommt noch ein anderes Problem hinzu. Seine Larven kommen auf ein Gewicht von hundertzehn Gramm, weswegen sie als Eiweißquelle selbst für die dortigen Menschen interessant geworden sind. Was deutlich macht, dass gigantische Ausmaße nicht immer vor Feinden schützen, sondern manche Feinde überhaupt erst auf den Plan rufen.

Mistkäfer der Gattung Onthophagus sind ein noch plakativeres Beispiel dafür, wie evolutionäre Entwicklungen gleichzeitig Vor- und Nachteile bringen können. Diese Tiere werden auch Kotkäfer genannt, womit gleich schon ihr Lieblingsaufenthaltsort bestimmt ist. Doch nicht das war es, was dereinst Charles Darwin an den Mistkäfern imponierte, sondern ihre Hörner. Die dicken Brummer haben nämlich regelrechte Geweihe, die je nach Art nicht nur in Größe und Form variieren können, sie sprießen auch an ganz unterschiedlichen Stellen aus dem Körper: mal ganz vorn an der Stirn, mal am Hinterkopf, mal auf dem Rumpf unmittelbar vor dem Kopf. Darwin konnte sich das nicht erklären. Für ihn blieb es ein Rätsel, was die unterschiedlichen Hörnerpositionen für Vorteile im Ausleseverfahren der Evolution bringen sollten – und er legte das Mistkäferproblem schließlich zu den Akten.

Douglas Emlen von der University of Montana hat sich jedoch daran festgebissen. Die komplette Publikationsliste des amerikanischen Biologen kreist um das Hörnerphänomen der Kotkäfer. Sein Resümee lautet: Die unterschiedlichen Hörnerpositionen gehen einher mit bestimmten Rückbildungen am Körper der Tiere. Die Evolution ist eben kein Wunschkonzert, man kann nicht alles haben. Wer etwa die Hörner vorne am Kopf hat, besitzt kleinere Antennen. Sitzt das Geweih am Hinterkopf, sind die Augen kleiner. Und wer es auf dem Rumpf hat, muss mit kleineren Flügeln klarkommen. »Insgesamt sprießen die Hörner immer in der Nähe desjenigen Organs, auf das die jeweilige Käferart am ehesten verzichten kann«, erklärt Emlen. Die Geweihposition passt also zum Lebensstil der jeweiligen Käferart: Wer die Hörner am Hinterkopf und deshalb kleinere Augen hat, ist auch in seinem Alltag weniger auf seine Augen angewiesen, er findet sich eher mit anderen Sinnesorganen in der Welt zurecht. Hier hat also die Evolution letzten Endes doch einen guten Job gemacht: Die Tiere bezahlen ihr Geweih zwar mit der Rückbildung anderer Organe, aber Nachteile für ihr Leben müssen sie deshalb nicht befürchten.

Ein anderes Mistkäferphänomen lässt diesen Schluss jedoch nicht unbedingt zu. Emlen fand nämlich heraus, dass die Onthophagus-Männchen mit großem Geweih nur über relativ kleine Hoden verfügen. Insgesamt gilt die Mistkäferregel: Je größer der Kopfschmuck, umso kleiner das Reservoir an Samenzellen – was natürlich auch die Fortpflanzungsfähigkeit deutlich einschränkt. So etwas Ähnliches kennen wir ja schon vom Homo sapiens masculinus, dem das Fahren schnittiger und teurer Sportautos als Kompensation für seine mäßige Geschlechtsausstattung dienen soll. Und wie hier kann es auch für den Mistkäfer-Blender aus fortpflanzungsstrategischer Sicht nur ein Urteil geben: mangelhaft. Denn was nützt es, wenn jemand mit großem Horn seine Konkurrenten aus dem Feld schlägt und die Weibchen beeindruckt, dann aber nicht imstande ist, seine Eroberungen ausreichend zu befruchten? Seine Gene wird er so kaum erfolgreich weitergeben können. Aber vielleicht ist das ja auch ganz gut so. Es lässt uns hoffen, dass es eines Tages auf unseren Autobahnen friedlicher zugeht – weil die Sportwagenfahrer ausgestorben sind.

Anatomie für die Galerie: Buckelzirpen überraschen immer wieder aufs Neue

Was bringt ein Rotor, der sich nicht drehen kann, und ein Geweih, obwohl kein Rivale droht? Vermutlich so viel wie ein Federkleid, das nicht zum Fliegen taugt, und ein Hut, der weder vor Sonne noch vor Regen schützt. All diese Dinge sehen vielleicht lustig aus oder faszinierend, doch sinnvoll sind sie eigentlich nicht.

Und doch gibt es eine Insektengruppe aus den Tiefen des südamerikanischen Tropenwalds, die gerade diese Designs zu ihrem Markenzeichen gemacht hat, quasi als Hohn auf den Fortschritt der Evolution.Die südamerikanischen Buckelzirpen sind die Paradiesvögel unter den Insekten, selbst für Tropenverhältnisse, wo es ja ohnehin schon ziemlich bunt zugeht. Aber sie brillieren weniger mit Farben als mit den barocken Bauwerken, zu denen sie ihren Halsschild geformt haben. »Die Natur muss Lust auf einen Witz gehabt haben, als sie die Buckelzirpen entworfen hat«, sagte der amerikanische Insektenforscher John Henry Comstock, der Ende des 19. Jahrhunderts damit begann, diese Tiere als einer der Ersten auszukundschaften.

Zoologisch ist an den Buckelzirpen eigentlich nichts Besonderes. Sie gehören zu den Zikaden, die keinem anderen Tier etwas zuleide tun, sondern als streng vegetarische Saugrüssel arbeiten: Sie zapfen die Leitungsbahnen der Pflanzen an, um sich an deren Zuckersaft zu bedienen. Das ist so ergiebig, dass die Zikaden einen Teil des Zuckers wieder als sogenannten Honigtau abgeben, sehr zur Freude von Ameisen, die sich deswegen zum Teil sogar als Zikadenzüchter betätigen.

Überhaupt scheint sich das Prinzip »Stechen und Saugen« in der Evolution durchaus bewährt zu haben:

Über 40 000 Zikadenarten leben auf der Welt, von den Salzwiesen der Ostsee bis zum tibetischen Hochgebirge. Die exotischsten sind aber zweifelsohne die Buckelzirpen im südamerikanischen Dschungel. Die Formenvielfalt ihrer bizarren Halsschilde reicht von Hörnern und Zacken über Haifischflossen und knubblige Beeren bis zu Flugabwehrkanonen und minotaurusartigen Schädeln. Wissenschaftler versuchten geradezu verzweifelt, eine Erklärung für dieses Panoptikum zu finden. Denn Charles Darwin hatte vorgegeben: »Die Natur schert sich nicht um die optische Erscheinung, es sei denn, sie nützt einer Art in ihrem Fortbestehen.« Der Priester und Insektenkundler William Kirby vermutete: »Die extraordinären Formen der Buckelzirpen sind nur dafür geschaffen, Vögel zu täuschen.« Doch das stimmt so pauschal sicherlich nicht.

Zwar erinnern einige Buckelzirpen an gefährliche Wespen, sodass sie von feindlichen Vögeln nicht weiter behelligt werden. Andere wiederum werden durch ihren Schild im Dickicht des Urwalds geradezu unsichtbar. Es bleiben aber noch genug Arten, wo das alles nicht zutrifft. Sie scheinen sich durch ihre barocken Schilde und zum Teil auch durch ihr Verhalten geradezu mitten auf den Präsentierteller zu setzen. Ihr Überleben verdanken sie vermutlich allein der Tatsache, dass ihre Feinde gar nicht glauben können, was sie da sehen.

Mittlerweile kann man sich im Internet an zahlreichen Fotos der Buckelzirpen erfreuen. Sie schafften es aufgrund ihres Äußeren sogar in die Hochglanzzeitschrift *Geo* (3/2006). Der Fotograf Patrick Landmann hat dort ein ganzes Panoptikum der exotischsten Exemplare zusammengestellt. Neben Hubschrauber- und Geweihmodellen sieht man Konstruktionen, die an das Atomium von Brüssel erinnern. Andere sehen aus wie ein Clownfisch mit Füßen oder ein Wikinger mit Kurzhaarfrisur. Bei der Gattung Cladonata zeigt sich das Weibchen mit einem schlanken und gebogenen Schild, als entstamme es einem präkolumbischen Museum in Guatemala, das Männchen hingegen erscheint als unförmiger Klotz. Warum das so ist, kann kein Wissenschaftler erklären. Denn weder der Klotz noch die präkolumbische Banane taugen zu eleganten Flugmanövern; das Weibchen muss sogar damit rechnen, schon bei mäßigen Windböen ins Schlingern zu geraten.

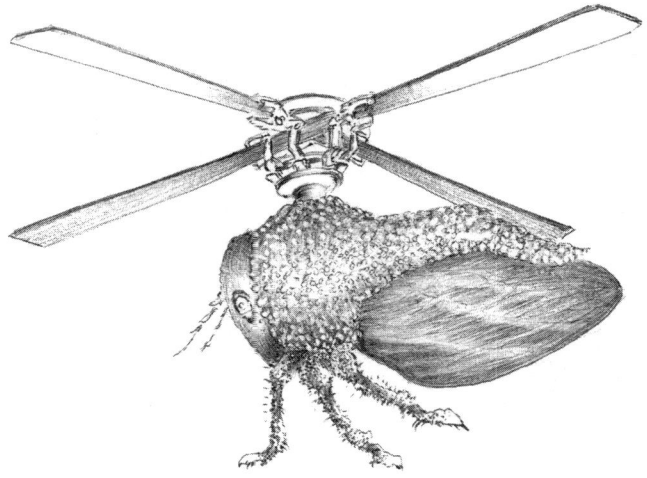

Buckelzirpen der Gattung Enchenopa sehen nicht nur aus wie missglückte Schmetterlinge, im Unterschied zu anderen Zirpen sind sie auch noch unmusikalisch. Die Männchen trommeln während der Balz mit ihren Bäuchen auf die Zweige und die Weibchen schicken ihnen ein Antworttrommeln zurück. Leider klingt das nicht nach südamerikanischen Rhythmen, sondern wie das Knacken in der Gasleitung. Doch es reicht, damit sich die Zikaden zum Stelldichein verabreden. Der Haken daran: Das Buschtrommeln hören auch räuberische Vögel, die dadurch sicher zu ihrer Beute geführt werden. Das klingt ganz und gar nicht nach der berühmten Formel von Iwan Turgenjew: »Liebe ist stärker als der Tod.« Aber der russische Dichter kannte vermutlich auch keine Buckelzirpen.

Laufen, bis die Scheren glühen: »Ironman« für alte Krustentiere

Es gibt Gattungen in der Zoologie, bei denen man schon beim puren Klang des Namens konkrete Bilder vor Augen hat, ohne etwas Genaueres über diese Tiere zu wissen. Dazu zählen sicherlich auch die Krebs- oder Krustentiere. Solche Bezeichnungen klingen einfach nicht nach etwas Höherem, wie es bei den Primaten der Fall ist, oder nach etwas Form- und Haltlosem wie bei den Weichtieren. Sie klingen eher nach etwas, das ebenso humorlos wie hart im Nehmen ist, etwa wie ein klobiger gepanzerter Ritter, der sich aus einer längst vergangenen Epoche zu uns herübergerettet hat.

Die Fakten der Evolution scheinen diesen Eindruck zu bestätigen. Von den Krustentieren existieren Fossilien, die über 500 Millionen Jahre alt sind! Sie sind also zweifelsohne ein Relikt aus längst vergangenen Zeiten – und ein Erfolgsmodell der Evolution, denn sonst gäbe es sie nicht mehr. Doch wer glaubt, die Krebse hätten bei ihrem Gang durch die Erdzeitalter vor allem auf das Prinzip »Harte Schale, zäher Kern« gesetzt, ist auf dem Holzweg. Sie wählten vielmehr den Weg, der in der Evolution schon immer der beste war, nämlich den der Vielseitigkeit und Anpassungsfähigkeit. Die Zoologie kennt heute etwa 40 000 Krebsarten und die sind so heterogen, dass es sehr schwer ist, sie unter einer Tiergruppe zu versammeln.

Es gibt eigentlich nichts, was einen Krebs so richtig in Verlegenheit bringt. Man findet ihn in der Antarktis genauso wie an heißen Quellen, in der Tiefsee genauso wie in der Brandungszone. Als Wasserbewohner besitzt er zwar einen Satz Kiemen, doch wenn es um ihn herum trocken wird, bringt ihn das nicht um. Einige Arten haben sich sogar regelrecht von ihrem ursprünglichen Zuhause emanzipiert. Der Palmendieb etwa würde im Wasser ertrinken, doch dafür kann er Kokosnüsse knacken. Und dass Asseln vorzüglich an Land klarkommen, weiß jeder, der einen Keller hat oder mal auf der Terrasse unter seine Topfpflanze geguckt hat.

Wie man selbst aus widrigsten Verhältnissen Profit ziehen kann, zeigt eine Krabbe mit dem Namen Xenograpsus testudinatus. Sie lebt in der sogenannten Formosastraße, nahe der Insel Kueishan (bei Taiwan). Dort ist es sehr ungemütlich, weil auf dem Meeresboden zahlreiche Quellen heißes und extrem schwefelsaures Wasser nach oben pumpen. Leben kann dort kaum funktionieren – und trotzdem tummeln sich auf dem Boden gleich Hunderte von Xenograpsus-Krabben. Ihr Trick: Sie kommen nur dann aus ihren Felsverstecken hervor, wenn der Gezeitenstrom seinen Umkehrpunkt erreicht hat. Das Quellwasser steigt während dieser kurzen Zeit kerzengerade nach oben und tötet alles, was sich ihm in den Weg stellt. In der Folge rieselt eine Säule aus abgestorbenen Fischen und Planktonteilen auf den Meeresboden – den auf frisches Aas spezialisierten Krabben genau vor die Füße. Ein genialer Schachzug, der auch zeigt, wie viel Feingespür ein Krustentier haben kann.

Doch vielleicht ist es gerade ihre »robuste Flexibilität«, die einige Krebse in der Evolution übermütig werden ließ. So liefern die roten Landkrabben auf der Weihnachtsinsel vor Australien alljährlich einen Beweis ihrer Ausdauerqualitäten, mit denen sie am »Ironman« teilnehmen könnten. Die Tiere laufen einen Marathon, der unter weitaus härteren Bedingungen stattfindet als unsere Pendants in Boston oder Berlin. Dass dabei einiges schiefgehen kann, liegt auf der Hand.

Im November, wenn die Regenzeit beginnt, laufen die knallig roten Krustentiere von ihren Höhlen im

Landesinnern zur Küste. Das ist eine Strecke von acht Kilometern, was für ein Tier von zehn bis zwölf Zentimetern Durchmesser, das gerade mal dreihundertfünfzig Meter pro Stunde schafft, weit mehr bedeutet als ein Marathon. Und Trödeln und Pausieren ist nicht, weil der Einlauftermin am Ozean feststeht: Die Weibchen müssen ihre Eier kurz vor Neumond ablegen, wenn der Unterschied zwischen Hoch- und Niedrigwasser besonders gering ist.

Als Erste verlassen die Männchen ihre Höhlen. Die Weibchen, die nicht ganz so tief im Landesinnern wohnen, schließen sich ihnen erst später an. Doch dafür tragen sie etwa 100 000 Eier bei sich. »Das ist so, wie wenn ein Mensch einen Fünf-Kilo-Sack Kartoffeln schleppt«, erklärt Tierphysiologe Steve Morris von der University of Bristol. Die optimale Wettkampfmontur eines Marathonläufers sieht anders aus.

Nichtsdestoweniger können menschliche Marathonveranstalter von den über 60 Millionen Teilnehmern des Krabben-Meetings nur träumen. Klar, dass solch eine gepanzerte Armee einen Lärm produziert, der die Inseltierwelt für einen Augenblick innehalten lässt. Allerdings gilt dies nicht für alle Inselbewohner. Der bereits erwähnte Palmendieb etwa knackt die deftigen Landkrabben nämlich noch lieber als seine Kokosnüsse. Eine weitaus größere Gefahr für die Krabbenläufer ist aber der Wasserverlust. Sie haben zwar Panzer, doch für Wasser sind die genauso durchlässig wie die Haut einer Kröte. Auch über ihren Atem verlieren sie Wasser und lebenswichtige Mineralien. Viele der Krabbenathleten trocknen daher unterwegs aus und sterben, andere warten im Schatten auf Regen – und verpassen dadurch möglicherweise den richtigen Zeitpunkt am Ozean.

Immerhin: Die Zeiten, als etwa jedes sechste Krustentier knackend unter einem Autoreifen verendete, sind vorbei – die menschlichen Bewohner der Weihnachtsinsel kümmern sich mittlerweile um Verkehrsberuhigung, wenn die Krabben laufen. Dafür lauern noch bei der Ankunft am Ozean reichlich Gefahren. Den Männchen fällt nämlich ausgerechnet an den Steilwandklippen ein, dass sie ja unzählige Konkurrenten haben, die es auszuschalten gilt. Das geht dann an die allerletzten Reserven. Man stelle sich einen Marathonläufer vor, der sich unmittelbar nach dem Zieleinlauf noch ein paar Boxkämpfe mit seinen Mitstreitern liefern muss.

Wenn endlich auch die Weibchen eintrudeln, sind bereits viele Freier im wahrsten Sinne über die Klippe gesprungen. Und die Überlebenden sind keinesfalls immer die Stärksten. Wie Steve Morris festgestellt hat, wechseln nämlich einige der Männchen beim Kampf mit dem Rivalen ins Schauspielfach: Sie geben den frühzeitigen Verlierer, um Kraft zu sparen. Bei der Ankunft der Weibchen setzen sie dann plötzlich die gesammelte Energie für die Paarung frei, während die wackeren Kämpfer bereits auf Reserve laufen. Das klingt einerseits clever, andererseits wie Betrug. In jedem Falle hat es mit dem Überleben des Stärkeren nichts zu tun.

Die eintreffenden Weibchen stolzieren zunächst einfach an der Phalanx der wartenden Männchen vorbei; »nach welchen Kriterien sie ihren Champion letztlich wählen, wissen wir bis heute nicht«, so Morris. Die kräftigen Männchen haben keinesfalls mehr Chancen als die schwächeren.

Nach dem Sex begeben sich die Weibchen schließlich an die Klippen, um ihre Eier dem Meer anzuvertrauen. Wenn es jedoch stürmisch ist, regnet es nicht nur Eier, sondern auch die schwimmuntauglichen Weibchen. Unzählige Krabbenmütter ertrinken in denselben Wellen, die ihr Nachwuchs zum Leben braucht. Wobei dessen Schicksal keinesfalls sicher ist: Viele Larven werden vom Wasser fortgetragen oder aber landen im Bauch eines Fisches.

Der Marathon der roten Krabben fordert also hohe, vermutlich sogar millionenschwere Verluste. Was schon die Frage aufwirft, ob es nicht auch einen weniger spektakulären, dafür aber sichereren Weg zur Nachwuchsproduktion gegeben hätte. Handlungsbedarf besteht freilich so lange nicht, wie Jahr für Jahr Millionen von Krabben auf die Reise gehen können. Dass sie noch so zahlreich sind, liegt weniger an ihrer Vermehrungsstrategie als an ihrem Speiseplan, der überwiegend aus Pflanzenresten besteht und daher ähnlich krisensicher ist wie der eines Regenwurms, sowie an der spärlichen Zahl der Feinde. So betreibt der Palmendieb das Krabbenknacken nur im Nebenberuf und die Maclear-Ratte, die wirklich einen großen Appetit auf rote Krabben hatte, wurde Anfang des letzten

Jahrhunderts durch eine Seuche ausgerottet. Manchmal muss man eben einfach Glück haben, um als Tierart überleben zu können.

In den nächsten Jahren könnte es allerdings mit dem Glück der roten Landkrabbe vorbei sein. Denn in den 90er Jahren des vergangenen Jahrhunderts wurde aus Afrika die gelbe Spinnerameise auf der Weihnachtsinsel eingeschleppt. Sie verspritzt ein Gift, das die Augen der Krebse verätzt und sie schließlich erblinden und verhungern lässt. Dieser Ameisen-Alien hat sich in den letzten Jahren auf der Weihnachtsinsel auf bedenkliche Weise vermehrt – weil er dort, wie dereinst die rote Krabbe, kaum Feinde zu fürchten hat.

Fische: Die degradierten Genies

Fische sind die ältesten Wirbeltiere der Welt, es gibt sie schon seit über vierhundert Millionen Jahren. Derzeit leben von ihnen etwa 30 000 Arten und immer noch werden Jahr für Jahr neue entdeckt. Der Fisch ist also ein Longseller der Evolution. Denn wer Eiszeiten, Vulkanausbrüche und Meteoriteneinschläge überlebt hat und dabei Legenden wie die Dinosaurier kommen und gehen sah, der darf mitreden, wenn es ums »Survival of the Fittest« geht.

Den Menschen beeindruckt das freilich nur wenig. Er hat die Fische zu dumpfen Idioten degradiert. Niemand macht sich mehr die Mühe, sie zu zählen, wenn sie in riesigen Netzen aus dem Meer gezogen werden, es werden lediglich Angaben in Tonnen gemacht. Wenn wir sie als »Tierfreunde« in Aquarien halten, bilden wir uns allen Ernstes ein, dass den zwei Dutzend Tropenfischen ein lächerlicher Quadratmeter Ausschwimmfläche zum Leben reicht. Und den Haien unterstellen wir immer wieder, dass sie sich von den schlauen Delfinen hereinlegen lassen. Dabei steht das Spiel zwischen den beiden schon seit Jahrmillionen unentschieden, sonst hätten die Haie den Delfin schon längst von ihrem Speiseplan gestrichen.

Tatsache ist: Fische sind alles andere als dumm. »Sie sind neugierig und untersuchen neue Objekte in ihrer Umgebung«, erklärt der englische Verhaltensforscher Jonathan Balcombe. Sie lieben es beispielsweise, über treibende Schildkröten zu springen, und Doktorfische blasen Luft aus dem Mund, um mit den aufsteigenden Blasen zu spielen. Haie horchen das Echolot der Delfine ab und Elefantennasenfische wurden schon dabei beobachtet, wie sie Schnecken auf dem Rüssel balancierten. Aber diese Fischart ist ohnehin etwas Besonderes. Schwedische Forscher fanden nämlich heraus, dass der Elefantennasenfisch mehr als die Hälfte des eingeatmeten Sauerstoffs für sein Hirn benötigt. Zum Vergleich: Bei sonstigen Wirbeltieren sind es zwei bis acht Prozent und selbst beim Menschen sind es gerade einmal zwanzig Prozent. Das sollte uns zu denken geben.

Killi sucht Killi: Was macht der Fisch im Baumstumpf?

Die Wissenschaftler staunten nicht schlecht. Das Team um den amerikanischen Ökologen Scott Taylor war gerade in den Mangrovensümpfen von Belize unterwegs, als einer der Exkursionsteilnehmer versehentlich gegen einen morschen Baumstamm trat. Das verrottete Holz brach auseinander – und in der Mitte saß ein Fisch. Das gerade sieben Zentimeter lange

Flossentier schaute zornig in die erstaunten Menschengesichter und verschwand dann in einer Mischung aus Zappeln, Hüpfen und Schlängeln im Gestrüpp. Die Wissenschaftler hatten soeben einen Killifisch der Art Rivulus marmoratus bei einer seiner Landexkursionen gestört.

Dass Fische mitunter aufs Land ausweichen, kennt man ja – der Schlammspringer etwa lebt ebenfalls in den Mangrovensümpfen und ist bekannt dafür, immer wieder hinauf in die Bäume zu klettern. Allerdings sieht er mit seinen herausragenden Augen und armartigen Brustflossen auch eher aus wie ein Frosch. Beim Killi-Karpfen ist das jedoch anders. Er hat den Habitus eines echten Fisches und seine männlichen Vertreter schwimmen in den Becken vieler Aquarianer, weil sie so schöne Farben haben.

Ein Leben an Land würde man daher dem Killi nicht unbedingt zutrauen. Doch Rivulus marmoratus stört das nicht. Verlieren die Mangrovengebiete in Florida und Mittelamerika ihr Wasser, geht bzw. zappelt und springt er aufs Land. Wobei er diesen Trumpf nicht erst zieht, wenn der Sumpf ausgetrocknet ist, sondern bereits vorher, wenn sich die Killifische aufgrund der zunehmenden Enge im Niedrigwasser gegenseitig auf die Nerven gehen. »Jeder Aquarianer weiß ja davon zu berichten«, so Taylor, »dass sie sich nicht ausstehen können und ziemlich aggressiv aufeinander reagieren.«

Bis zu sechsundsechzig Tage kann der Mangroven-Killi an Land überleben. In morschen Bäumen teilt er seine Wohnung oft mit Ameisen und Termiten und erträgt deren Gewusel geradezu stoisch. Aber er hält sich auch unter Laub sowie in Kokosschalen, Krabbenlöchern und alten Bierdosen auf. Im Unterschied zum Lungenfisch, der bekanntlich ebenfalls für längere Zeit das Wasser verlassen kann, fährt der Killi auf dem Trockenen nicht etwa seinen Stoffwechsel herunter – er entwickelt sogar einen ausgesprochen guten Appetit. Vor allem auf Ameisen, Termiten, Käfer und Maden, die sich dem Karpfen arglos nähern, weil ein Fisch auf Landausflug verständlicherweise nicht auf ihrer Feindesliste steht.

Biologen konnten nachweisen, dass der Mangroven-Killi nicht nur längere Trockenperioden, sondern auch Salzwasser, starke Hitze, Übersäuerungen und schwere Umweltverschmutzungen überstehen kann. Solch eine Widerstandsfähigkeit macht ihn, zumindest auf den ersten Blick, zu einem der großen Hoffnungsträger der Evolution – gerade wenn es, wie derzeit, immer wärmer und schmutziger wird. Andererseits hat der kleine Karpfen auf seinen ausgiebigen Landausflügen kaum eine Chance, einen Sexualpartner für sich zu finden, denn dazu braucht er, allein schon wegen der Übertragung der sexuellen Botenstoffe, das Wasser.

Der Mangroven-Killi löste dieses Problem, indem er sich zum Zwitter entwickelte – statt auf ein passendes Weibchen oder Männchen zu warten, nimmt er den, der gerade kommt. Und wenn gar keiner kommt, kriegt er das mit der Fortpflanzung auch allein hin, indem er sich als Klon reproduziert. Es geht eben zur Not auch ohne Sex.

Die ungeschlechtliche Vermehrung hat allerdings einige Schwächen. So ist sie überaus pannenanfällig, weil die Möglichkeit fehlt, genetische Fehler mittels Durchmischung des Erbguts auszugleichen. Zudem kann sich nichts Neues entwickeln. Genetische Neukombinationen, wie sie beim Paaren zweier unterschiedlicher Individuen entstehen, bleiben aus. »Lebewesen, die sich nur kopieren, ändern sich nicht«, erklärt der Zoologe Nicolaas Michiels von der Universität Tübingen. »Sie häufen höchstens Mutationen an.« Mit der Folge, dass sie auf Veränderungen der Umwelt nicht reagieren können. So sind Killifische beispielsweise anfälliger für Infektionen, weil sich ihr Immunsystem nicht auf die sich ständig verändernden Mikroorganismen ihrer Umgebung einstellen konnte.

Fazit: Asexuelle Vermehrung geht zulasten der Flexibilität. Die Robustheit des Mangroven-Killis erscheint nun natürlich in einem anderen Licht. Sie ist nämlich nicht mehr der Ausdruck einer besonderen Anpassungsfähigkeit, sondern genau deren Gegenteil: Während andere Fische bei drohender Trockenheit einfach dorthin schwimmen, wo es genug Wasser gibt, verkriecht sich der Killi umständlich in fauligen Baumstämmen oder verrosteten Bierdosen und nimmt Gifte, Salze und Säuren hin, alles nur, weil er seine geliebte Mangrovenheimat nicht verlassen will. Lieber arrangiert er sich mit Katastrophen, als sich ein schöneres Zuhause zu suchen. Es ist also letzten Endes seine Unflexibilität, die den Killifisch zum Überlebenskünstler macht.

Ob diese Strategie freilich eine Perspektive hat, ist fraglich. Schon ein Blick auf die menschliche Gesellschaft lehrt, dass Lastesel mit unendlicher Leidensfähigkeit in der Regel keine Geschichte schreiben, sondern auf deren Schlachtplätzen geopfert werden. Nicht nur die Infektionsanfälligkeit des Killifisches ist bedenklich – in den letzten zwanzig Jahren ging die Ausdehnung der Mangrovensümpfe um fünfundzwanzig Prozent zurück, sodass es für ihn immer enger wird. Doch beim Trockenfisch geht Robustheit mit Sturheit einher – er wird sich der Zwangsräumung wohl bis zuletzt widersetzen.

Schnauze voll! Der Kardinalbarsch und sein Nachwuchsproblem

Eine Amöbe braucht sich über die Sicherheit ihrer Nachkommen keine Gedanken zu machen. Denn sie vermehrt sich asexuell und teilt sich selbst einfach nur in zwei neue Exemplare. Die sind dann zwar etwas kleiner als ihre Mutter, doch ansonsten ähnlich fit und funktionsfähig. Bei vielzelligen Tieren ist das jedoch anders, weil sie eine gewisse Zeit brauchen, bis sie sich von der befruchteten Eizelle zum ausgewachsenen Organismus entwickelt haben. Ihr Nachwuchs ist deshalb zunächst schwächer und weniger fluchtfähig – und dadurch ein leichtes Opfer für Feinde. Ein Problem, das von einer Tierart rigorose Jugendschutzmaßnahmen erfordert, wenn sie überleben will.

Die Strategien zum Schutz der Nachkommenschaft können freilich sehr unterschiedlich sein. Das Känguru etwa trägt sein Junges, das bei der Geburt nicht einmal ein Gramm wiegt, im Beutel herum. Elefantenbabys genießen den Schutz der Gruppe, die von einer Matriarchin angeführt wird. Der Babbler, ein amselgroßer Vogel der nordafrikanischen Steppen, schützt seine Nachkommen, indem er beim Nahen einer feindlichen Schlange ein Flug- und Lärmspektakel veranstaltet, das den Jäger ablenkt. Und andere Tiere setzen einfach auf die Quote: In den Seychellen entdeckten Wissenschaftler eine Karettschildkröte, die 242 Eier in ein einziges Nest gelegt hatte. Aber das ist

noch gar nichts gegen den Mondfisch. Pazifischen Fi-
schern ging ein Weibchen dieser weltweit größten
Knochenfischart ins Netz, das knapp 300 Millionen
Eier in sich trug. Wenn davon das eine oder andere
Dutzend im Bauch eines Feindes landet, lässt sich das
locker verschmerzen.

Einen besonders exquisiten Jugendschutz betreibt
der Kardinalbarsch. Zuständig ist in diesem Falle, was
in der Tierwelt eher selten ist, das Männchen. Seine
Taktik: Es nimmt den Mund zu voll (was wiederum
bei den Männchen der Tierwelt sehr häufig vorkommt). Der Kardinalbarsch ist nämlich ein Maul-
brüter: Das Männchen bewahrt die befruchteten Eier
bis zum Schlüpfen in seinem Kehlsack auf – sozusagen eine Phase männlicher Trächtigkeit, die immerhin bis zu zwei Wochen dauern kann. Zwei Wochen,
in denen der Vaterbarsch mit schmerzhaft gespannten
Backen umherschwimmt und nichts fressen kann,
weil ja sein Maul bis zum Anschlag mit Eiern gefüllt
ist.

Über die vorbildliche Erfüllung von Vaterpflichten
sollte man aber nicht zu früh staunen. Denn der
männliche Kardinalbarsch ist von Natur aus eher
schlank und hat wenig Fettreserven, so dass er schon
bald nach dem Eindeponieren der Eier von großem
Hunger geplagt wird, dem er oft nicht widerstehen
kann. Als japanische Forscher den Mageninhalt träch-
tiger Barschmännchen untersuchten, fanden sie dabei
überraschend viele Eier. Man ermittelte, dass kurz vor
dem errechneten Schlüpftermin bereits neunund-

zwanzig Prozent der Fischväter ihren Nachwuchs komplett aufgefressen hatten.

Hinzu kommt, dass viele Barschmännchen die Eier ausspucken, weil sie keine Luft mehr bekommen. Ein Fisch kann nämlich in der Regel nur atmen, indem er sauerstoffreiches Wasser über das Maul einsaugt und zu den Kiemen schleust. Das allein fällt schon schwer, wenn dort überall Eier sind. Wenn dann auch noch in der Nacht der Sauerstoffgehalt des Wassers absinkt, weil viele Algen ihre Arbeit einstellen, wird das Atmen für den Barsch noch schwerer. Um genug Sauerstoff zu bekommen, müsste jetzt eigentlich noch mehr Wasser zu den Kiemen gepumpt werden, doch gerade das ist mit vollem Mund kaum möglich. Viele Kardinalbarsche entlassen daher ihre Eier in die schutzlose Freiheit, um ihr eigenes Leben zu retten. Dem Hunger haben sie vielleicht noch widerstehen können, doch der Angst vor dem Erstickungstod nicht mehr.

Dass man für die Nachwuchspflege nicht das eigene Leben herschenken will, kann man verstehen. Aber warum betreibt der Kardinalbarsch diese Technik dann überhaupt? Feinde können dem Nachwuchs zwar kaum etwas anhaben. Doch da der Vaterbarsch die befruchteten Eier zum großen Teil selbst frisst oder aber ausspuckt, könnte er sie auch einfach im freien Wasser ablegen – der Schwund läge vermutlich gleichermaßen bei vierzig bis sechzig Prozent pro Gelege. Nicht umsonst sind einige Arten wie der Banggai-Kardinalbarsch vom Aussterben bedroht. Dass der Bestand sich nicht erholen kann, darf man aber nicht nur dem Vaterbarsch ankreiden. Dabei spielen sicherlich auch jene Aquariumsfreunde eine Rolle, die diese bunten Fische gerne in ihren Becken haben wollen. Allein bei Indonesien werden jährlich über 700 000 von ihnen gefangen, die danach größtenteils auf ihrem Transport nach Europa, Japan und Amerika zugrunde gehen.

Ich zeig dir meine Schokoladenseite!
Warum der Guppy schummeln muss

Stellen Sie sich vor, Sie haben ein Date im Restaurant. Sie freuen sich darauf, sind aufgeregt wie ein Kind am ersten Schultag. Doch ausgerechnet jetzt haben Sie einen hässlichen Pickel auf der rechten Wange, der sich auch mit kosmetischen Tricks nicht verbergen lässt. Was tun? Sie beschließen, Ihren Makel zu verstecken. Und versuchen, an dem Abend Ihrem Gegenüber nur die unversehrte, linke Seite Ihres Gesichts zu präsentieren. Oder Sie halten immerzu die Hand oder ein Weinglas vor den Pickel. Kein leichtes Unterfangen, das überdies auch nicht gerade elegant wirkt. Ihr ganzes Pickelvertuschmanöver ist außerdem so anstrengend, dass Sie sich kaum noch aufs Gespräch konzentrieren können. Als Ihre Verabredung plötzlich aufsteht, um rechts an Ihnen vorbei aufs Klo zu gehen, schießt Ihre Hand panisch nach oben – und wirft dabei das Rotweinglas um. Peinlich.

Klar, dass Ihr merkwürdiges, im wahrsten Sinne linkisches Verhalten irgendwann auffallen muss. Von dem Menschen, den Sie eigentlich betören wollten, ernten Sie nur verständnislose Blicke, von dem Rotwein nachschenkenden Kellner ganz zu schweigen. Es wäre wohl besser gewesen, den Termin zu verschieben oder ein Pflaster auf den Pickel zu kleben und einen Witz darüber zu machen, nach dem Motto: »Besser mit Pickel beim Date als mit Pfirsichhaut allein zu Haus.« Doch mit Ihrer kosmetischen Verschleierungstaktik sind Sie erst einmal auf der Sympathieskala nach unten gerutscht.

Ein Beispiel, das zeigt: Wer sich schöner machen will, als er ist, wird damit auf dem Partnermarkt eher verlieren als gewinnen. Dennoch findet sich dieses Verhalten nicht nur beim Menschen, der aufgrund seines großen Hirns ein natürliches Talent zum Schummeln besitzt, sondern auch bei Fischen, denen man sonst eher ein schlichtes, dafür aber auch ehrliches Gemüt bescheinigt.

Ihr Drang zum betrügerischen Imponiergehabe ist freilich umso größer, je wichtiger die Schönheit für einen Fisch ist. Wie etwa beim Guppy, der ursprünglich aus Trinidad und vom nördlichen Amazonasgebiet kommt, sich aber mittlerweile fast über die ganze Welt verbreitet hat, weil er aufgrund seiner knalligen Farben gerne im Aquarium gehalten wird. Es sind hier in erster Linie die Männchen, die mit Schönheit punkten wollen. Mit ihren knapp drei Zentimetern (ohne Schwanzflosse gemessen) sind sie zwar deutlich kleiner als die fast doppelt so großen Weibchen, doch dafür verfügen sie – vor allem auf ihren breit gefächerten Schwanzflossen – über orange leuchtende Flecken, die nur eine Bestimmung haben: einen Partner für den Sex zu finden.

Wobei man sagen muss, dass der Sex bei den Guppys nicht gerade nach Spaß klingt. Denn das Männchen verfügt über ein Genitalorgan namens »Gonopodium«, eine umfunktionierte Afterflosse, die wie ein Röhrchen funktioniert und das Samenpaket ins Innere des Weibchens leitet. Diese Kopulationsflosse ist weder sensibel noch anschmiegsam, weswegen das Weibchen bei der Begattung verletzt wird und eine Entzündung ausbildet. Es kommt zu einer Schwellung, die den Spermien den Rückweg nach draußen versperrt. Mit anderen Worten: Die »Liebesläsion« des Guppyweibchens hat durchaus ihren physiologischen Sinn. Es ist sozusagen Sado-Maso-Sex mit konkretem Fortpflanzungszweck, was bekanntermaßen eher selten ist.

Bleibt die Frage, von wem sich das Guppyweibchen am liebsten quälen lässt. Der Guppymann jedenfalls glaubt, dass er die meisten Chancen hat, wenn er besonders gut aussieht. Zu seinem Leidwesen verteilen sich jedoch die Orangeflecken nicht immer gleichmäßig auf beide Körperseiten. Seine Schönheit ist also für das Weibchen Ansichtssache. Weswegen der Guppymann versucht, sich seiner Angebeteten möglichst von der Schokoladenseite zu zeigen und ihr das grellere Farbmuster zu präsentieren. Wissenschaftler rätseln bis heute, woher der Fisch eigentlich weiß, welche seiner Körperseiten die schönere ist: Er hat ja keinen Spiegel, und selbst wenn er einen hätte, könnte er nicht einschätzen, was er da eigentlich sieht. Es ist aber wissenschaftlich bewiesen, dass er wirklich alles daransetzt, sich von seiner Schokoladenseite zu präsentieren – obwohl sie im Durchschnitt nur neun Prozent mehr Orangeflecken hat als die andere Seite.

Könnte er mit diesen neun Prozent tatsächlich beim Weibchen punkten, würden sich seine Pingeligkeit und das anstrengende Täuschungsmanöver lohnen. Doch gerade das ist offenbar nicht der Fall. Ein Forscherteam der Universität Toronto fand keine Hinweise darauf, dass sich die Weibchen vom einseitigen Imponiergehabe beeindrucken lassen. Wozu also die Mühe? Der Guppymann schwimmt sich den Rücken krumm und keine interessiert's. Mit diesem Verhalten ist er in der Evolution, die normalerweise jede Energieverschwendung gnadenlos abstraft, ein echter Exot.

Mindestens genauso exotisch ist aber noch eine weitere Macke der Guppymänner. Vor einigen Jahren wurden sie von mexikanischen Aquariumsfreunden in offene Seen und Flüsse ausgesetzt. Seitdem stürzen sie sich balzend auf die Weibchen der Zweilinienkärpflinge, die denen der Guppys sehr ähnlich sehen. Den Guppymännern gelingt es zwar nicht, bei den artfremden Damen zu landen, doch ihre Balz stört die Partnersuche der anderen Fische, die untereinander kaum noch zum Sex kommen. Der Kärpflingsbestand hat dadurch in den letzten Jahren bedrohlich abgenommen. Was wieder einmal zeigt, wie schnell die Macken des einen zur Katastrophe für den anderen werden können.

Liebste, ich bin schwanger!
Das Seepferdchen in der Vaterpflicht

Auf den Märkten von Hongkong und anderen asiatischen Großstädten gehören Seepferdchen zu den Kassenschlagern. Denn als Bestandteil der traditionellen Medizin haben sie dort den Ruf eines Allheilmittels. Zu Pulver zerstampft sollen sie gegen fast alles helfen, was der menschliche Körper an Krankheiten hergibt: Asthma, Halsschmerzen, Impotenz, Unfruchtbarkeit, Lethargie, Haarausfall, Blähungen und sogar Tollwut. Hinzu kommt, dass Seepferdchen ein beliebtes Touristensouvenir sind. Es ist daher kein Wunder, dass Jahr für Jahr mehrere Millionen von ihnen in den Handel kommen, obwohl der eigentlich durch das Washingtoner Artenschutzabkommen von 2004 beschränkt sein sollte. Was dies für den Bestand der Tierart bedeutet, kann man sich leicht ausmalen.

Die angeblichen Heileffekte sind freilich allesamt aus der Luft gegriffen. Bei der Impotenz hat vermutlich allein der Umstand, dass sie im Unterschied zu anderen Fischen senkrecht schwimmen, den Seepferdchen den Ruf eines Heilmittels eingebracht, nach dem Motto: Was steil in die Höhe ragt, muss auch männliche Geschlechtsorgane in diese Richtung bringen können. So etwas kennt man ja auch von Nashorn und Spargel.

Es wäre unendlich schade, wenn für solch primitive Gedankengänge einer der echten Exoten unserer Tierwelt verschwinden würde. Denn Seepferdchen sind in vielerlei Hinsicht etwas Besonderes. So beendeten sie vor 40 Millionen Jahren einfach ihre Evolution. Sie sehen also immer noch haargenau so aus wie zu der Zeit, als im Ozean die ersten Wale schwammen und an Land die ersten Affen in den Bäumen kletterten. Was einerseits nicht gerade für ihre genetische Flexibilität spricht, andererseits aber auch ein Beleg dafür ist, dass Seepferdchen perfekt genug konstruiert sind, um die unterschiedlichen Epochen der Evolution unverändert zu überstehen. Nichtsdestoweniger findet man bei ihnen so viele »evolutionäre Ungereimtheiten«, dass man an ihrer Vollkommenheit doch zweifeln muss. Das wiederum lässt nur den Schluss zu: Sie haben sich so lange gehalten, weil sie uns zeigen wollen, wie man als exquisiter Sonderling ohne Perfektion überleben kann.

Jorge Gomezjurado forscht schon seit über zehn Jahren an den Seepferdchen, er ist Leiter einer Hippocampus-Zuchtstation am National Aquarium im amerikanischen Baltimore. Noch heute ist er fasziniert von ihrer Schönheit und Extravaganz. Aber er fragt sich auch, was sich die Natur wohl dabei gedacht hat. »Gott war wohl besoffen, als er die Seepferdchen schuf«, sagt er und lacht. Er meint das nicht böse und erst recht nicht als Gotteslästerung. Gomezjurado ist Sohn einer katholischen Irin und seine Jugend verbrachte er im papsttreuen Ecuador – aber wer die Seepferdchen kennt, der ahnt eben, dass der Zufall in der Weltgeschichte eine ziemlich große Rolle spielt.

Schon ihre Zugehörigkeit zu den Fischen sieht man diesen zierlichen Ozeanbewohnern mit ihrer Trompetenschnute, ihrem Ringelschwanz und ihren extrem beweglichen Kulleraugen nicht wirklich an. Obendrein schwimmen sie senkrecht in hüpfenden Auf- und Abwärtsbewegungen; ihre Rückenflosse erinnert dabei an eine flatternde Mähne. Nicht umsonst hielt man sie in der Antike für die Nachfahren jener Rösser, die den Wassergott Neptun mit seiner Kutsche zogen.

Noch außergewöhnlicher ist aber ihre Vermehrungsmethode. Legendär ist der Kuscheltanz, den die Männchen und Weibchen miteinander aufführen,

wenn sie paarungsbereit sind. Sie »erröten« dabei vom unauffälligen Matschbraun zum cremigen Gelb und schmiegen sich aneinander, die Köpfe kokett an die Brust gedrückt. Danach tanzen sie um einen Seegrashalm wie um einen Maibaum. Die ganze Paarungszeremonie kann mehrere Stunden dauern, bis es zum eigentlichen Geschlechtsakt kommt.

Schließlich knickt das Männchen in der Körpermitte ein und sein Bauchbeutel füllt sich prall mit Wasser. Offenbar ein unwiderstehlicher Anblick für das Weibchen, das daraufhin seine Eier in den Sack des Partners füllt, wo sie vom Männchen befruchtet werden. Wenig später schwimmt dann das Weibchen davon – und das Männchen sinkt benommen abwärts. Es streckt und rekelt sich, um jedes einzelne Ei an einem festen Platz im Beutel zu verankern und dort eben mit Sauerstoff zu versorgen. Man kann also durchaus sagen: Beim Seepferdchen werden nicht die Weibchen, sondern die Männchen geschwängert!

Auch bei Schwangerschaft und Geburt machen die Hippocampus-Männchen das komplette Programm durch, das sonst in der Tierwelt dem Weibchen vorbehalten ist. So produzieren sie ein Hormon namens Prolaktin, das bei Menschenmüttern die Milchproduktion veranlasst. Beim männlichen Hippocampus sorgt es dafür, dass die Eier mit einer Nährlösung umspült werden. Der angehende Vater schwillt davon derart an, dass er nur noch wie ein dicker Knödel in der Suppe umhertorkeln kann. Für feindliche Beutejäger wäre jetzt eigentlich die Gelegenheit zum Zuschlagen – doch glücklicherweise haben Seepferdchen kaum Feinde. Ihr knochiger Panzer macht sie so ungenießbar, dass die meisten Fische einen bereits geschluckten Hippocampus wieder ausspucken und ihre Lehren daraus ziehen. Was deutlich macht: Wer aussieht wie ein Knödel, kann durchaus im Kampf ums Überleben bestehen – er darf nur nicht schmecken wie ein Knödel.

Die Schwangerschaft der Seepferdchen dauert je nach Art und Wassertemperatur bis zu sechs Wochen. Dann, meistens in der Nacht, kommen die Wehen: Stundenlang krümmt sich das Männchen, um aus seinem Sack einige Hundert »Seefohlen« herauszupressen. Eine echte Tortur, wie man sie auch von menschlichen Geburten kennt. Zeit zur Erholung bleibt kaum, weil die frischgebackenen Väter direkt nach ihrer anstrengenden Geburtsaktion abermals geschwängert werden, oft sogar schon am nächsten Tag. Der Hippocampus-Mann ist also unter ständigem Fortpflanzungsstress, auf seinen schmalen Schultern lastet fast die ganze Verantwortung für den Arterhalt.

Bleibt die Frage, warum die Natur ihm dieses Schicksal auferlegt hat. Bei Wirbeltieren sind nämlich sonst die Geschlechterrollen anders verteilt: Die Männchen agieren nach dem »Fuck-and-go-Prinzip«; sie steuern also lediglich ihre Spermien bei, während die Weibchen viel Zeit und Arbeit in das Austragen, Gebären und Aufziehen der Nachkommen investieren. Dafür steht ihnen wenigstens das Recht der Partnerwahl zu, während die Männchen sich mit ihresgleichen auseinandersetzen müssen, wenn sie weibliche Sympathien ernten wollen.

Bei den Seepferdchen ist das jedoch anders. Hier haben die Männchen den Aufwand, weswegen man eigentlich eine Umkehr der Rollenverteilung vermuten müsste. Doch das ist nicht der Fall. Die Weibchen machen keine Anstalten, sich Konkurrenzkämpfe zu liefern. Umgekehrt rivalisieren aber auch nicht die Männchen um die Gunst der Weibchen. Im Liebesleben der Seepferdchen ist man tatsächlich lieb zueinander: Niemand prahlt, niemand kämpft, es gibt keine Hierarchien und daher auch keinen Streit um eine Rangordnung. Es gibt noch nicht einmal Polygamie und Eifersucht, sondern nur eine lupenreine Monogamie. Weibliche und männliche Seepferdchen bleiben nämlich ein Leben lang zusammen. Das allein ist schon ziemlich selten in der Tierwelt. Doch damit nicht genug: Die Hippocampus-Eheleute verhalten sich Tag für Tag, als wären sie frisch verliebt. Jeden Morgen kurz nach Sonnenaufgang wartet das Männchen an einer Koralle oder im Seegras auf sein Weibchen. Sobald sie sich getroffen haben, promenieren sie durch die Ozeanlandschaft. Ihre Schwänze sind dabei umeinandergewickelt, als wenn nichts und niemand sie auseinanderbringen könnte.

Stirbt einer der Partner, dauert es lange, bis der Witwer oder die Witwe wieder aktiv auf Partnersuche geht. Und selbst wenn er oder sie dabei fündig wird, gibt es in der neuen Liaison meistens weniger Nachwuchs als in der ersten Ehe. Die unverbrüchliche Treue der Seepferdchen treibt sie freilich oft genug in die Fänge des Menschen: Landet einer der Hippocampus-Gatten in einem Fischernetz, kann man darauf warten, dass auch sein Partner darin zappeln wird. Seepferdchenpaare folgen einander eben überallhin, auch in den sicheren Tod. Shakespeare hätte sich kein besseres Liebesdrama ausdenken können.

Doch was für eine große Tragödie taugt, bringt eine Tierart im Kampf ums Überleben nicht unbedingt weiter. Wer seiner großen Liebe treu ist bis in den Tod, anstatt zügig nach neuen Geschlechtspartnern zu suchen, verspielt erhebliche Chancen für den Erhalt seiner Gene. Strikte Monogamie hat außerdem für eine Tierart den Nachteil, dass sie genetisch nur wenige Varianten entwickeln kann, worunter die Anpassungsfähigkeit leidet. Ganz zu schweigen davon, dass sie auch schwache und weniger fitte Individuen zum Zuge kommen lässt, während sich in der Polygamie vor allem die leistungsfähigeren Männchen mit den größten Kraftreserven durchsetzen.

Was den Seepferdchen der geschlechtliche Rollentausch für einen Vorteil bringt, ist für die Wissenschaft bis heute ein Rätsel. Prinzipiell wäre bei ihnen auch die klassische Variante denkbar, wonach das Weibchen seine Eier behält und die Samen vom Männchen empfängt. Aber vielleicht will die Evolution dem Menschen durch die Seepferdchen ja etwas mitteilen. Dass nämlich alles anders hätte kommen können und dass es wahrscheinlich reiner Zufall ist, dass Frauen schwan-

ger werden und damit die Hauptlast für den Fort-
pflanzungserfolg tragen. Männer sollten beizeiten daran denken, wenn sie wieder mal den gönnerhaften
Macho raushängen lassen.

Lurche: Zu sensibel fürs Leben?

Unter Zoologen haben Lurche den Ruf, dass sie sich in der Evolution nicht vollständig vom Wasser trennen konnten und daher ein Doppelleben als Land- und Wasserlebewesen führen müssen. Als Erwachsene leben sie auf dem Land, doch dabei müssen sie als Hautatmer ständig Kontakt zum Wasser halten, und ihre Kindheit verbringen sie sogar komplett dort, mit Flossen, Kiemen und allem anderen, was wir sonst nur vom Fisch kennen. Daher auch ihr wissenschaftlicher Name »Amphibien«, von *amphi* (griechisch: auf beiden Seiten) und *bios* (griechisch: Leben).

Bleibt die Frage: Haben sich die Amphibien tatsächlich nicht komplett vom Wasser emanzipieren können? Sind sie also Mängelwesen, denen der große Durchbruch versagt blieb? Oder verhält es sich umgekehrt so, dass sie große Überlebenskünstler sind, denen es gelang, beide großen Lebensräume, also das Wasser genauso wie das Land, zu erobern?

Leider spricht aktuell vieles für die Mängeltheorie. Denn kürzlich warnten fünfzig führende Wissenschaftler im Fachmagazin *Science*, dass jede dritte Amphibienart vom Aussterben bedroht sei. Der Grund: Der aktuelle Klimawandel hat die Trockenheits-Feuchtigkeits-Balance auf der Welt verschoben – und die Amphibien können nicht adäquat darauf reagieren. Viele von ihnen werden krank, andere trocknen einfach nur aus. Ihr Doppelleben ist für die Amphibien also kein Segen und kein ausgeklügeltes Überlebenspfand, sondern ein Verhängnis.

Es ist müßig, darüber zu spekulieren, ob die Natur in ihrer Experimentierfreude bei den Lurchen zu riskant vorgegangen ist oder ob alles gut gegangen wäre, wenn nicht der Mensch das Klima verändert hätte. Fakt bleibt, dass die Amphibien derzeit die großen Verlierer sind und wir vermutlich die Einzigen sind, die ihnen aus der Krise helfen können.

Hochstapler: Der Schreifrosch kann gut brüllen – und was noch?

Unter den Amphibien haben die Froschlurche die größte Vielfalt überhaupt. Über 5500 Arten von ihnen hüpfen über den Globus. Man muss sie daher ohne Zweifel zu den Erfolgsmodellen der Evolution zählen. In jüngerer Zeit geht es ihnen jedoch schlecht. Sie quaken zwar noch, doch sie quaken bereits vielerorts um ihr Leben. Seriöse Wissenschaftler schätzen, dass derzeit pro Jahr etwa zehn Froscharten aussterben. Und sie sprechen bereits vom größten Artensterben seit dem Schicksal der Dinosaurier vor 65 Millionen Jahren.

Hauptursache für die Krise der Frösche ist vermutlich der Klimawandel, der den Wasserhaushalt ihrer Lebensräume verändert – und als Amphibien sind sie eben auf einen bestimmten Feuchtigkeitsgrad in ihrer Umgebung angewiesen. Ihr Verschwinden wäre ökologisch eine Katastrophe, weil sie nicht nur effektive Beutejäger sind, sondern auch selbst auf den Speiseplänen zahlreicher Tiere stehen. Aber auch akustisch wäre es ein herber Verlust. Denn Vögel zwitschern, Löwen brüllen, Hunde bellen, Murmeltiere pfeifen und Delfine schnattern – aber der Frosch, der quakt. Kein anderes Tier macht das so wie er.

Einer der beachtlichsten Quak-Produzenten ist der Schreifrosch aus den Sümpfen der USA. Er wird erst mit vier bis fünf Jahren geschlechtsreif, was für einen Frosch ungewöhnlich spät ist. Doch dann will er es wissen.

Die Männchen zieht es im April als Erste aus den Winterquartieren zu den Laichgewässern, wo sie dann versuchen, die nachkommenden Weibchen mit einem extrem lauten Balzkonzert zu beeindrucken. Erzeugt werden die Lockrufe im Rachen der Tiere und in ihrer Schallblase, die als Resonanzverstärker arbeitet und den Tönen vor allem im tiefen Bereich den nötigen Nachdruck verleiht. Normalerweise gilt: Je tiefer und druckvoller der Ruf, umso größer die Schallblase; und je größer die Schallblase, umso kräftiger und potenter der Frosch. Die Weibchen haben also gute Gründe, sich für die Lurchenmänner mit dem tiefsten und lautesten Bariton zu entscheiden.

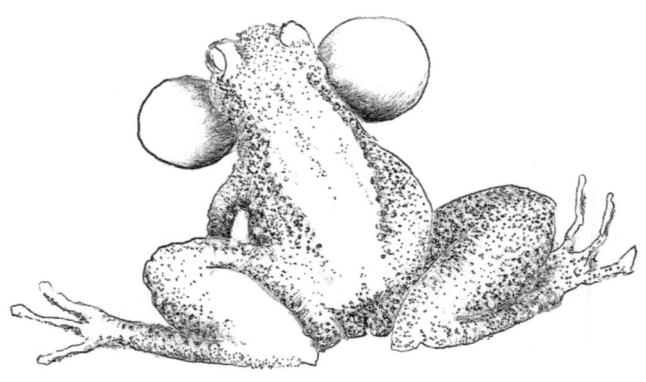

Doch die Evolution hat in jüngerer Zeit eine Spielart eingeführt, die dafür sorgt, dass die Weibchen bei der Auswahl ihres Sexualpartners immer öfter danebenliegen. In der Nähe der dominanten Froschmänner mit den tiefen Stimmen lungern nämlich sogenannte Satellitenmännchen herum. Körperlich und stimmlich sind sie deutlich weniger ausgereift als die Konzertfrösche, aber auch sie wollen sexuell zum Zuge kommen. Dazu haben sie zwei Strategien entwickelt. Die eine besteht darin, dass sie die Weibchen, die sich für einen Konzertfrosch entschieden haben und auf ihn zuhoppeln, heimlich abpassen und begatten. Der Konzertmann bekommt davon meistens nichts mit oder merkt es erst dann, wenn es zu spät ist. Und das begattete Weibchen hält den Satellitenfrosch für ihren Auserwählten und leistet daher keine Gegenwehr.

Die zweite Strategie hat einen noch größeren Täuschungswert. Hier verstellt nämlich der Satellitenfrosch seine Stimme: Er senkt sie in der Tonfrequenz so weit hinab, dass sie tiefer klingt als die des voll entwickelten Konzertfrosches. Er kann das zwar nicht lange durchhalten, doch es reicht aus, dass der stimmlich und körperlich eigentlich überlegene Rivale das Weite sucht. Jetzt kann man natürlich fragen, warum der sich nicht einfach den Hochstapler schnappt und in die Flucht schlägt. Die Antwort: Er sieht ihn nicht. Der Satellitenfrosch hält sich, während er die tiefen Töne von sich gibt, wohlweislich außer Sichtweite. Der Konzertfrosch muss also damit rechnen, dass der Bariton tatsächlich zu einem stärkeren Rivalen gehört, und mit dem will er sich lieber nicht anlegen.

Wissenschaftler haben festgestellt, dass es den Satellitenmännchen mit ihren Betrugsmanövern relativ oft gelingt, das eine oder andere Weibchen an Land zu ziehen. Im Hinblick auf die Weitergabe der Gene bedeutet dies natürlich, dass die entsprechenden Nachkommen nicht die Anlagen der starken, sondern die der schwächeren Frösche in sich tragen. Bisher hat dies für den Arterhalt noch keine Konsequenzen gehabt, der Bestand der Schreifrösche ist nicht bedroht. Der Grund: Sie täuschen sich nicht nur untereinander, sondern auch ihre Gegner. Der Schreifrosch imitiert nämlich das Aussehen des Nerzfrosches, der aufgrund seines moschusartigen Aromas bei Beutejägern ausgesprochen unbeliebt ist. Mit der Folge, dass viele Feinde den lauten auch für einen stinkenden Frosch halten und ihn daher in Ruhe lassen. Manchmal ist es eben besser, ein listiger Betrüger als ein ehrlicher Kraftprotz zu sein.

Wenn der Lurch das Nudelholz schwingt: Die Eifersucht der Salamanderfrau

Waldsalamander sind nicht gerade für ihre große Leidenschaftlichkeit bekannt. Sie können zwar passabel klettern, springen und schwimmen, doch eigentlich haben sie als wechselwarme und lungenlose Lurche, die ausschließlich über die Haut atmen, eine so niedrige Stoffwechselrate, dass überbordende Temperamentsausbrüche eher unwahrscheinlich sind. Auf einem Felsen Sonne tanken, gelegentlich Käfer oder Tausendfüßler knacken und mit der feinen Nase auf Feinde achtgeben – so sieht normalerweise der Alltag eines Waldsalamanders aus. Und selbst beim Aufpassen kann er sich Unaufmerksamkeiten leisten. Sollte eine Krähe oder ein Opossum zuschnappen, bekommen die entweder einen fiesen Schleim zu schmecken oder aber der Lurch überlässt ihnen kampflos seinen Schwanz und macht sich aus dem Staub.

Das Waldsalamanderleben ist also eher beschaulich. Doch stille Wasser sind bekanntlich tief. Das Männchen des eigentlich monogamen Rotrücken-Waldsalamanders jedenfalls erlaubt sich auch mal einen Seitensprung – und kassiert dafür kräftig Prügel von seiner Gattin.

Wissenschaftler der University of Louisiana beobachteten genauer, wie solch ein Ehedrama unter Waldsalamandern abläuft. Sie verfrachteten dazu einige der nordamerikanischen Lurche für eine Weile ins Labor und trennten die Männchen von ihren Weibchen. Die eine Hälfte von ihnen blieb allein, die andere wurde zum Fremdgehen verführt, indem man sie mit einem anderen Weibchen zusammenbrachte. Nach einigen Tagen durften die Lurchenmänner zu ihren Frauen zurück. Diejenigen, die allein geblieben waren, konnten ihre Ehe fortsetzen, als wären sie lediglich auf Dienstreise gewesen. Wer jedoch den Duft des anderen Weibchens an seiner Haut kleben hatte, den erwartete der heilige Zorn: Das Weibchen baute sich

drohend vor dem untreuen Gatten auf, schlug ihn mit dem Schwanz wie mit einem Nudelholz und oft gab es obendrein noch einen kräftigen Biss. Eifersucht pur – was für Tiere schon sehr ungewöhnlich ist.

Für die Salamanderfrau macht die Eifersucht eigentlich auch keinen Sinn. Denn sofern das Männchen, wie geschehen, allein zum Bau zurückkommt, will es ja offensichtlich weiterhin für sie sorgen. Sie muss also keine Nahrungseinbußen befürchten und kann sich ganz auf den Schutz der Brut konzentrieren – etwa so, wie wenn eine düpierte Ehefrau die gelegentlichen Seitensprünge ihres Gatten hinnimmt, um keine Scheidung und den eventuellen Verlust von Versorgungsansprüchen zu riskieren.

Gleichzeitig muss die Salamanderfrau damit rechnen, dass der reumütige Rückkehrer nach dem Ehekrach auf ewig das Weite sucht – und dann wird aus dem Ehedrama endgültig eine Arterhaltungskrise. In dem Moment nämlich, wo das Weibchen sein Gelege zur Nahrungssuche verlassen muss, wird in den Eiern eine chemische Schlüpfblockade aktiviert. Oder anders ausgedrückt: Wenn die Salamanderfrau selbst für ihr Auskommen arbeiten muss, kommen nur wenige Kinder zur Welt. So etwas Ähnliches kennt man ja auch vom Homo sapiens, allerdings hat das hier wohl eher gesellschaftliche als chemische Ursachen.

In jedem Falle bringt der weibliche Salamanderzorn den Arterhalt in Gefahr, weswegen ihn Forscher mittlerweile weniger mit Eifersucht als mit der Missverständnis-These erklären. Demnach hält das Weib-

chen den nach »Weib« riechenden Salamander versehentlich für eine Konkurrentin, die es aus dem Bau zu
vertreiben gilt. So etwas wiederum kommt beim Menschen eher selten vor; hier weiß die Frau sehr wohl,
wen sie vor sich hat, selbst wenn der Gatte nach dem
Parfüm der »Anderen« riecht. Doch wir verlassen uns
ja auch zu achtzig Prozent auf unsere Augen, während
der Salamander sich vornehmlich von seiner Nase lei-
ten lässt. Da können solche Pannen schon mal passieren.

Reptilien: Dezent, aber wirkungsvoll

Ist es draußen warm, leben sie auf, ansonsten ist Pause – Reptilien sind in ihrer Körpertemperatur abhängig von der Umwelt. Der deutsche Zoologe Hans-Wilhelm Smolik fand das so tragisch, dass er Ende der 1960er in seinem *Tierlexikon* schrieb: »Im Grunde führen Reptilien eigentlich nur ein halbes Leben und können nur dort recht gedeihen, wo ihnen die Sonne viele Monate lang genügend Lebenswärme spendet.« Ein hartes Urteil. Zwar wird in den Echsenhirnen in der Tat nicht viel los sein, wenn die Tiere starr und bewegungslos auf besseres Wetter warten, weil ihr reduzierter Stoffwechsel einfach nicht mehr zulässt. Aber führen sie deshalb nur ein halbes Leben?

Wir wissen es nicht. Was wir aber wissen: Durch ihren Energiesparmodus können die Echsen sehr unauffällig sein. Selbst Riesenexemplare wie der Komodowaran oder die Anakonda schaffen es immer wieder, sich geradezu unsichtbar zu machen. Ein gut getarntes Chamäleon im Baum wirkt sogar fast authentischer als der Baum selbst, weil es nicht nur die Farben, sondern auch die eigentümlichen Bewegungen der Äste und Blätter perfekt nachahmen kann.

Für das Überleben in der Natur sind solche Tarnungen von unschätzbarem Wert. Weswegen die Reptilien schon seit 300 Millionen Jahren einen Stammplatz in der Evolution haben. Ihre Verwandten, die Dinosaurier, setzten demgegenüber auf spektakuläres Größenwachstum und einen entsprechend unersättlichen Hunger – und mussten vor 65 Millionen Jahren diesen Globus verlassen. Es lohnt sich eben doch, beizeiten den Ball flach zu halten.

Zu cool zum Leben: Meerechsen kennen keine Angst

Das Leben eines Reptils verläuft langsam. Als wechselwarmes Kriechtier kann es seine Körpertemperatur nicht ohne Mithilfe der Umwelt stabil halten: Wird es kalt, kühlt auch die Echse ab und ihr Stoffwechsel läuft auf Sparflamme. Aber selbst wenn es warm ist, macht das aus ihr noch lange kein Temperamentbündel. Reptilien können zwar urplötzlich in der Bewegung explodieren – man denke nur an die Krokodile, wenn sie sich auf ein Opfer stürzen –, doch ansonsten bevorzugen sie auch dann den Müßiggang im Energiesparmodus, wenn ihre Körpertemperatur eigentlich eine größere Beweglichkeit zulassen würde. Die meisten Echsenarten entscheiden sich, wenn sie die Wahl zwischen einem herzhaften Snack und einem sonnenwarmen Ruheplätzchen haben, für die letztere

Option. In der Welt des tierischen Gewusels gehören sie eben zu den echten Stoikern.

Geradezu ein Synonym für die Entdeckung der Langsamkeit ist das Chamäleon. Seine extrem sparsame Fortbewegung mit den abgehackten Schritten ergibt sich aus seiner Tarnung, nämlich dem Nachahmen von Laub und Ästen, die ja allenfalls kurzfristig vom Wind bewegt werden. Aber das Chamäleon kann noch einen Gang weiter herunterschalten. Hat es den Eindruck, von einem Feind entdeckt worden zu sein, verharrt es wie tot in seiner augenblicklichen Stellung, als wenn man es spontan für ein Museum ausgestopft hätte. Spürt es eine Berührung, lässt es sich nach unten fallen. Egal, wie tief es heruntergeht. Die Echse bläst bei dem Sturz ihre Lungen auf, die dann einerseits wie ein Fallschirm die Fallgeschwindigkeit drosseln und andererseits wie ein Airbag den Aufprall lindern.

Noch exklusiver ist aber die Spezialität des Chamäleons, dass seine Haut binnen Sekundenbruchteilen ein komplett neues Farbmuster annehmen kann. Vom grünlichen Armee-Look zum knallgelb gefleckten Paradiesvogel-Outfit – kein Problem für ein Reptil, das seine Pigmente direkt über Nervenfasern steuern kann. Ursprünglich vermuteten Zoologen, dass auch diese Fertigkeit zu Tarnzwecken entwickelt wurde. Wie aber australische Forscher herausfanden, geschieht die Umkolorierung eben nicht, um Feinde zu täuschen, sondern um sich mit Artgenossen zu verständigen.

Insbesondere die Chamäleonmännchen präsentieren sich gerne als schreiend bunte Disko-Drachen, um ihre Konkurrenten zu beeindrucken oder ein Weibchen anzulocken. Eine modische Eskapade, die in der freien Natur allerdings auch Fressfeinde wie Marder, Eulen, Füchse und verwilderte Hauskatzen auf den Plan ruft. Mit zum Teil verheerenden Folgen: Gerade die Katzen haben den Chamäleonbestand in den letzten Jahren stark dezimiert. Aber in der Tierwelt kommt es ja immer wieder vor, dass männliche Exemplare für ihre Prahlereien mit dem Leben bezahlen müssen – sozusagen ein »Running Gag« der Evolution.

Im Unterschied zu den schrillen Chamäleons geben sich die Meerechsen von den Galapagosinseln ausgesprochen dezent; sie bevorzugen als Grundfarbe das gedeckte Schwarz. Der Grund: Sie ernähren sich, was für eine Echse absolut untypisch ist, von Algen und Tang, die sie aus dem kühlen Ozean holen müssen. Kommen sie anschließend zurück an Land, legen sie sich in die Sonne, um erst einmal wieder Wärme zu tanken. Und das funktioniert schneller, wenn die Haut dunkel ist und dadurch Sonnenstrahlen mehr absorbiert als reflektiert.

Der Alltag einer Meerechse wird durch diesen Lebensstil allerdings recht langweilig: Aufwärmen und Dösen, danach fünfzehn bis dreißig Minuten zum Algenfischen in die See und anschließend wieder raus zum Aufwärmen und Dösen und zurück zum Algen-Dinner und so weiter. Seit vielen Millionen Jahren geht das schon so. Fast eine Ewigkeit, in der zudem kaum Feinde störten, weswegen die urtümlichen Reptilien sich nicht nur ungestört vermehrt, sondern auch ihre natürlichen Fluchtinstinkte aufgegeben haben. Als Charles Darwin seinerzeit auf die Galapagosinseln kam, konnte er die Meerechsen in seine bloßen Hände nehmen und ins Meer werfen – sie kehrten ohne Umschweife wieder zu ihm zurück. Er bezeichnete dieses Verhalten später als »einmaliges Beispiel offensichtlicher Dummheit«.

In jedem Falle ist es gefährlich, den Fluchtinstinkt im Laufe der Evolution einfach abzustreifen. Denn die Feindeslandschaft ist pausenlos in Veränderung. So gibt es auf Galapagos immer mehr verwilderte Hunde und Katzen, die keine Gnade kennen mit jemandem, der noch nicht einmal weglaufen will. Der Körper der Meerechsen schüttet zwar Stresshormone aus, wenn man sich ihnen nähert, »doch zu einer richtigen Flucht lassen sie sich nicht hinreißen«, erklärt Thomas Rödl vom Max-Planck-Institut für Ornithologie, der intensiv an den Reptilien forschte. Warum sie so fluchtfaul sind, erklärt der Verhaltensbiologe so: Im Zuge der Evolution hätten stets diejenigen Tiere am besten überlebt, die überflüssige Anstrengungen vermieden. Das mag sein. Doch mit dem Nutzen des Energiespareffekts ist es spätestens dann vorbei, wenn er in den Magen des Feindes führt.

Fressen wie ein Moloch: Warum der
Dornenteufel zum Fast Food verdammt ist

Es gibt nicht wenige, die das Fast Food als Untergang
unserer Esskultur bezeichnen. Man ahnt, was damit
gemeint ist, wenn man im Schnellrestaurant beobachtet, wie ein Kunde binnen fünf Minuten ein Acht-
hundert-Kilokalorien-Menü herunterschlingt. Wobei
ihm nicht unbedingt vorzuwerfen ist, dass er sich verhält wie ein Tier. Bei dem kommt das Schlingen zwar
auch vor, doch meistens deswegen, weil es extrem
hungrig ist oder sich ein Konkurrent für sein Menü
interessiert. Ansonsten können Tiere sogar regelrechte
Genießer sein.

So wachsen Ratten für Butterkekse und Fleischpas-
teten über sich hinaus. Sie wagen sich dann durch
Eiseskälte und strömenden Regen, während sie für
normales Futter lieber im Warmen und Trockenen
bleiben. Die berühmte Gorilladame Koko, die an der
Stanford University in Gebärdensprache ausgebildet wurde, überraschte ihre Umwelt mit Statements
wie: »Ich liebe Mittagessen, mag den Geschmack von
Fleisch.« Was zeigt, dass Affen sich etwas Besseres vorstellen können als die langweiligen Obst- und Gemü-
seschüsseln, die ihnen der Mensch anbietet.

Einige Tiere werden in ihrem Bestreben nach kuli-
narischem Genuss sogar regelrecht dekadent. So töten
die Hyänen an der Küste Namibias Robbenbabys, um
sich ausschließlich an deren Gehirnen gütlich zu tun.

Die Schwertwale in der Monterey Bay töten Grauwal-
babys – und fressen nichts außer deren Zunge. Aus
Sicht der Evolution sind solche Verhaltensweisen kaum
zu erklären, denn weder Hirn noch Zunge bringen
den Räubern irgendwelche physiologischen Vorteile.
Es handelt sich hier offenbar um reinen Hedonismus,
einschließlich der grausamen Konsequenzen, die
diese Philosophie bekanntlich haben kann.

Nichtsdestoweniger gibt es natürlich auch Tiere,
die keine Genießer sind und stattdessen als Fast-
Food-Fresser auftreten. Doch im Unterschied zum
McDonald's-Kunden machen sie es nicht freiwillig,
sondern weil sie von der Evolution dazu verdonnert
wurden.

Besonders hart traf es in dieser Hinsicht den Dornenteufel, eine Echse aus der Wüste Australiens. Er
wird auch Moloch genannt, was bereits deutlich macht,
wie es in seinem Leben zugeht. Denn der arme Teufel
ist ausschließlich damit beschäftigt, in seiner extrem
heißen und trockenen Wüstenhölle zu überleben. Seine
Haut ist von Furchen durchzogen, sodass jedwede
Feuchtigkeit direkt zu seinen Mundwinkeln gelangt.
Auf diese Weise kann er vom morgendlichen Tau profitieren – und er kann trinken, indem er einfach ein
Bein ins Wasser stellt.

Auf dem Speiseplan des Molochs stehen Ameisen.
Von denen braucht er etwa zweitausend pro Tag. Das
kann in der Wüste ein durchaus lebensbedrohen-
des Problem sein, gerade für eine Echse, die normalerweise sehr langsam frisst und eigentlich acht Stun-

den für den Verzehr der gigantischen Ameisenarmee bräuchte. Diese Zeit würde selbst der zähe Moloch unter sengender Sonne kaum überstehen. Außerdem: Wie könnte er daneben noch genügend Freizeit für Partnersuche und Fortpflanzung finden?

Die Evolution löste dieses Problem, indem sie den Dornenteufel zum Fast-Food-Fresser machte. Während andere insektenfressende Echsen jeden einzelnen Happen sorgfältig auf Genießbarkeit überprüfen und ausgiebig kauen, schlürft er die Krabbeltiere kurzerhand in sich hinein, um sie direkt danach, ohne Kauen, herunterzuwürgen. Auf diese Weise schafft er sein Ameisenmenü in weniger als zwei Stunden.

Wir wissen nicht, ob der Moloch überhaupt noch irgendeinen Spaß am Essen empfindet. Von den Gourmet-Allüren der Hyänen und Schwertwale ist er jedenfalls weit entfernt. Was aber im wahrsten Sinne schwerer wiegt: Wer nicht kaut, zwingt Magen und Darm zur Schwerstarbeit. Der Moloch hat also sein Zeit- und Energieproblem lediglich von außen nach innen verlagert; was er draußen spart, muss er drinnen nachholen. Seine Verdauungsorgane sind im kräfteraubenden Dauereinsatz, sein Alltag besteht im Wesentlichen aus Verdauen. Bewegung findet nur ganz selten statt und wenn, dann im Zeitlupentempo. Beim Balzen beschränkt sich der männliche Teufel darauf, den Weibchen lässig mit dem Arm zuzuwinken. Mehr ist eben nicht drin, wenn man die ganze Zeit verdauen muss. Daran sollten Frauen denken, wenn ihr Liebster sie zu McDonald's einlädt.

Zu viele Männer im Reich der Drachen: Wer liebt den Komodowaran?

Echsen haben es naturgemäß schwer, die Herzen der Menschen zu erobern. Man findet an ihnen, sofern man kein leidenschaftlicher Reptilienfreund ist, wenig Liebenswertes. Erstens, weil sie kein Fell oder Gefieder haben und sich daher nicht streicheln und knuddeln lassen wie ein Meerschweinchen, zweitens, weil sie oft andere Tiere wie knuddelige Meerschweinchen als Ganzes herunterschlingen, drittens, weil sie nur äußerst selten mit dem Menschen kommunizieren, sondern uns allenfalls einen Blick zuwerfen, der irgendwo zwischen Argwohn und Desinteresse einzuordnen ist; und viertens, weil sie an die Dinosaurier erinnern, die ja gerne die Hauptrollen in Horrorfilmen bekommen.

Wir Menschen begegnen Echsen meistens mit einer

Mischung aus Respekt und Angst: Respekt vor ihrem erdgeschichtlichen Alter von vermutlich 300 Millionen Jahren und Angst vor ihrer – auf Warmblüter wie uns Menschen kalt und roboterhaft wirkenden – Perfektion. Wobei natürlich das mulmige Gefühl umso mehr wächst, je größer das Reptil ist.

Selbst wenn man versuchte, seine Vorbehalte gegenüber Echsen auszuräumen, beim Komodowaran würde man sicher scheitern. Kein anderes Reptil kommt dem legendären Bild des Drachen näher. Mit über drei Metern Länge und drei Zentnern Körpergewicht wirken allein schon seine Ausmaße abschreckend. Dazu seine gelbe und gespaltene Schlangenzunge, die permanent durch die riesigen Kiefer züngelt, sowie der faulige Aasgeruch, den er ganz und gar undezent verströmt. Eine Eigenschaft, die ihren Ursprung im eigentümlichen Nahrungserwerb des Warans hat, mit dem er auch nicht gerade Sympathiepunkte sammelt.

So schluckt er Hühner im Ganzen herunter – das Zucken der noch lebenden Vögel macht er sich zunutze, damit sie besser durch die Speiseröhre in den Magen rutschen. Bei größeren Tieren wie etwa Schweinen und Wasserbüffeln hingegen unternimmt er gar nicht erst den Versuch, sie sich direkt einzuverleiben. Er versetzt ihnen einen kräftigen Biss und infiziert sie dadurch mit hochpathogenen, Eiweiß zersetzenden Bakterien, die er in seinem Speichel kultiviert hat. Die Tiere laufen zwar noch davon, doch sie kommen nicht weit. Binnen weniger Stunden werden sie so krank und schwach, dass sie entweder sterben oder dem gemächlich nachsetzenden Waran zumindest keine Gegenwehr mehr leisten können. Meistens gesellen sich dann noch weitere seiner Artgenossen zu dem Festgelage. Dass dabei die herkömmlichen Tischsitten konsequent missachtet werden, kann man sich denken.

Verständlich, dass die meisten Menschen froh sind, dass der Waran quasi in Isolationshaft sitzt und seinem Drachenjob nur auf Komodo und einigen anderen indonesischen Inseln nachgehen kann. Andererseits gehören seine eigentümlichen Jagdstrategien sicherlich zu den Eigenschaften, die ihm seinen Platz in der Natur sichern, die bekanntermaßen nur wenig Raum für Zimperlichkeiten bietet.

Absolut kontraproduktiv für seinen Arterhalt ist aber, was er in der Fortpflanzung praktiziert. Der weibliche Komodowaran vergräbt im September etwa fünfzehn Eier im Boden, wo sie von der Sonne ausgebrütet werden. Solange die Jungen noch im Schutz von Erde und Eierschale sind, geht es ihnen gut. Doch sobald sie geschlüpft sind, werden sie gnadenlos gejagt, und zwar nicht von irgendwelchen artfremden Jägern, sondern von ihren Eltern, Onkel und Tanten. Früher dachte man, dass die erwachsenen Echsen nur dann ihre hundert Gramm leichten Jungen fressen, wenn sie sonst keine Nahrung finden. Doch mittlerweile weiß man es besser. »In den Augen eines erwachsenen Komodowarans ist ein Jungdrache nichts anderes als Futter«, erklärt der englische Zoologe Mark Carwardine. »Er bewegt sich und hat ein bisschen Fleisch auf den Knochen. Das ist Futter.«

Zum Glück für den Arterhalt entwickelten die Jungtiere im Laufe der Evolution den Instinkt, nach dem Schlüpfen sofort in die Bäume zu klettern. Dorthin können die Erwachsenen ihnen nicht folgen und Jungechsenfutter in Gestalt von Insekten, Schlangen und Vögeln gibt es dort auch. Zwar schaffen es nicht alle Nachwuchsdrachen rechtzeitig hochzukommen, doch es sind immerhin gerade genug, um den Arterhalt zu gewährleisten. Was aber nichts daran ändert, dass Kannibalismus ohne Not nichts anderes ist als eine äußerst riskante Panne der Evolution.

Noch schwerer wiegt aber, dass Komodowarane eine starke Neigung zur Parthenogenese, also zur Jungfernzeugung, besitzen. Denn die Geschlechtszellen der weiblichen Komodoechsen teilen sich ungleichmäßig. Im letzten Reifungsschritt entstehen nicht etwa zwei gleich große Eizellen, sondern eine große Eizelle und ein kleines Polkörperchen, das zunächst an seiner großen »Schwester« kleben bleibt. Beide haben die gleiche genetische Ausstattung. Kommt es zu einer Befruchtung mit männlichem Sperma, stirbt das Polkörperchen ab. Andernfalls jedoch verschmilzt das Polkörperchen wieder mit der großen Eizelle – und der Weg ist frei für einen kleinen Komodowaran mit einem vollständigen Chromosomensatz, der allerdings nur von einem Elternteil stammt, denn einen Vater gibt es ja nicht.

Für jemanden, der wie Robinson Crusoe auf einer einsamen Insel wohnt, ist die Jungfernzeugung zunächst ein Vorteil, weil er ohne Sexualpartner die

Nachwuchsproduktion ankurbeln kann. Und so ein Inseldasein kennen Komodowarane nur zu gut. Wenn ein Weibchen beispielsweise auf einem Baumstamm auf offener See umhertrieb und schließlich auf einer der indonesischen Inseln landete, hatte es niemanden, mit dem es sich paaren konnte. Also griff es zur Parthenogenese, um trotzdem den Nachwuchs zu sichern. Eine Notlösung, solange kein Männchen in Reichweite war. Ohne die Jungfernzeugung würde es heute vermutlich keine Komodowarane mehr geben.

Sobald jedoch auch Männchen per Baumstamm auf die Insel kamen und der Gesamtbestand der Echsen auf einige Hundert Exemplare angewachsen war, hätten die Weibchen eigentlich ihre Selbstbefruchtung einstellen können. Doch das haben sie bis heute nicht getan. Das heißt: Sie wählen auch dann noch autarke Schwängerung, wenn männliche Sexualpartner vorhanden sind. Sie tun das zwar nicht ausschließlich, doch weitaus öfter, als es nötig wäre.

Bis heute weiß niemand, warum die weiblichen Warane so hartnäckig an der Selbstbefruchtung festhalten. Ist ihnen der Sex mit ihren Männern zuwider? Kaum vorstellbar, denn die Liebe zwischen Waranen ist nicht anders als bei anderen Echsen – und nach Aas stinken ja nicht nur die Männchen, sondern auch die Weibchen. Bleibt noch die Möglichkeit, dass die Waranfrauen keine Energie für Partnersuche und Paarung verschwenden wollen. Hierfür spricht, dass sie als Echsen im Drachenformat ohnehin einen sehr großen Energiebedarf haben, weswegen sie genau durchkalkulieren müssen, für welche Aktionen sie weitere Kräfte investieren wollen. Möglich also, dass der Komodo-Sex den strengen Aufwand-Nutzen-Rechnungen der Weibchen zum Opfer gefallen ist.

In jedem Falle bringt das Festhalten an der Jungfernzeugung den Bestand der Komodowarane in Gefahr. Denn wenn sich Gene nicht durchmischen, kann eine Tierart schlechter auf sich verändernde Umweltbedingungen reagieren – und gerade das ist in den heutigen Zeiten des Klimawandels nötiger denn je. Im speziellen Fall der Komodowarane kommt außerdem hinzu, dass aus ihrer Parthenogenese ausschließlich männliche Tiere hervorgehen. Weswegen von den derzeit insgesamt fünftausend Exemplaren, die auf den Inseln östlich von Java leben, gerade mal dreihundertfünfzig weiblichen Geschlechts sind. Die Quote tatsächlich gebärfähiger Tiere ist also weitaus geringer, als es die Gesamtzahl vermuten lässt. Der Komodowaran ist zweifelsohne vom Aussterben bedroht.

Von wegen listig:
Wie man Schlangen kräftig einheizt

Das Verhältnis des Menschen zur Schlange war schon immer sehr widersprüchlich. Im antiken Griechenland hielt man sie für unsterblich, weil sie sich durch ihre Häutungen stets zu erneuern schien. Sie wurde dadurch zum Symbol der Ärzte: Den Äskulapstab, um den sich die Schlange windet, gibt es noch heute. Im alten China war sie dagegen ein Symbol der Hinterlist. Eine Einschätzung, der sich auch die Bibel anschloss: Eva wurde bekanntlich von einer Schlange dazu verführt, verbotenerweise vom Baum der Erkenntnis zu essen. Dem islamischen Propheten Mohammed rettete eine Katze das Leben, als ihn eine Schlange beißen wollte.

Bei den Balten wurden die Schlangen gefüttert, weil man sie für Abgesandte der Erdgöttin hielt. Eine ähnliche Einschätzung findet man auch in der indischen Mythologie. Die Germanen dagegen glaubten, dass die Erde von einer Seeschlange umspannt würde, mit der sich Thor heftigste Kämpfe liefern musste. Am Ende konnte er sie zwar töten, doch der Gifthauch des Monsters vernichtete auch den Donnergott selbst.

Am ambivalenten Verhältnis des Menschen zur Schlange hat sich bis heute nur wenig geändert. Die Schlange Kaa in Walt Disneys *Dschungelbuch* gibt ein ziemlich komplettes Bild von dem, was wir von den beinlosen Reptilien halten: falsch, heimtückisch und gefährlich, anderseits aber auch mit außergewöhnlichen Fähigkeiten ausgestattet (Kaa kann hypnotisieren!) und irgendwie überparteilich (Kaa setzt sich immerhin auch mit dem Tiger Shir Khan auseinander, dem Erzfeind von Mogli). Insgesamt gibt es vor allem drei Emotionen, die eine Schlange bei den meisten Menschen auslöst: Angst, Respekt und Faszination.

Mitverantwortlich für diese Empfindungen ist sicherlich, dass die Schlange in vielerlei Hinsicht anders ist als die übrigen Wirbeltiere – und trotzdem so perfekt anmutet. So verzichtet sie auf alles, was man normalerweise zum Fortbewegen braucht, also auf Flügel, Flossen, Arme und Beine. Dennoch ist sie nicht als gemächlicher Vegetarier unterwegs, sondern als Jäger, der ausgesprochen wendig, schnell und sicher zuschlagen kann. Ihre Zähne sind nicht zum Kauen da, sondern nur zum Töten und Festhalten der Beute, die danach als Ganzes heruntergeschlungen wird. Auch die Sinneswelt der Schlangen ist ganz und gar untypisch. Ohren? Fehlanzeige. Stattdessen wird ausgerechnet zum Riechen fleißig gezüngelt. Viele Schlangen besitzen zudem Infrarotsinnesorgane, mit denen sie feinste Temperaturunterschiede von weniger als 0,03 Grad Celsius wahrnehmen können. Auf Mängelwesen wie uns muss das nahezu übersinnlich wirken.

Nichtsdestoweniger sind auch die Schlangen keineswegs perfekt. So können sie zwar größere Beutetiere in einem Stück herunterschlingen, indem sie ihre Kiefer- und Schädelknochen verschieben (den bisherigen Rekord hält ein Felsenpython, der sich eine neunundfünfzig Kilogramm schwere Antilope einverleibte). Doch solche Fressorgien dauern mitunter Stunden oder sogar Tage, in denen die Schlange mit ihren ausgehängten Kiefern ihren Feinden schutzlos ausgeliefert ist. Und selbst wenn sie die Beute geschluckt hat, ist ihre Wehrlosigkeit keineswegs beendet. Denn eine Schlange, die sich durch ihr opulentes Mahl bis zur Unförmigkeit aufgebläht hat, taugt weder zur Flucht noch zum Kampf. Sie ist ein gefundenes Fressen für andere Raubtiere wie etwa die Hyänen. Die sind mittlerweile sogar so clever, die Schlangen zu beobachten und zu warten, bis diese ihre Fastenzeit beendet haben und zur Jagd schreiten müssen – und anschließend genießen sie das Reptil samt seiner Beute im Doppelpack.

Das Verarbeiten der unzerkleinerten Beute kostet die Schlange zudem sehr viel Energie. Nicht nur das Herunterschlucken braucht Kraft, sondern auch das Wachstum von Leber und Darm, die sich um mehr als das Dreifache ausdehnen können. Dabei steigt der Sauerstoffbedarf drastisch an. Aus diesem Grunde vergrößern Schlangen nach der Mahlzeit ihren Herzmuskel. Beim Tigerpython beispielsweise, der mitunter ganze Schweine und Hunde verschlingt, kann das Herz binnen achtundvierzig Stunden um vierzig Prozent zulegen.

Eine physiologische Glanzleistung, die aber auch einen großen Haken hat: Für das Wachstum des Herzens wird Platz benötigt, der in Anwesenheit des verschlungenen Beutetieres nicht ohne Weiteres zur Verfügung steht. Der vergrößerte Pumpmuskel muss sich daher seinen Platz hart erarbeiten; er muss nicht nur große Blutmengen ausstoßen, sondern auch noch gegen den Druck der anderen Eingeweide angehen. Der Python ist also nach seinem opulenten Mahl ein kardiologischer Risikopatient – nicht wenige dieser Riesenschlangen sterben dann am plötzlichen Herztod.

Die Legende von den listigen Schlangen hat ebenfalls Korrekturbedarf. Richtig ist, dass sie mitunter echte Tarnkünstler sind. Viele von ihnen sind farblich so exakt auf ihre Umgebung abgestimmt, dass sie kaum zu erkennen sind. Die Lianenschlange lässt sich sogar kopfüber vom Baum herunterbaumeln und sieht

dabei aus wie eine Schlingpflanze. Andere Arten vertrauen hingegen auf ihre Lautlosigkeit, die sich natürlich für ein Tier ohne Beine besonders leicht realisieren lässt. Doch trotz aller Tarnkünste: Schlangen leben seit etwa 100 Millionen Jahren auf unserem Globus und in dieser Zeit hatten ihre Opfer und Gegner reichlich Gelegenheit, sich auf die beinlosen Reptilien und ihre speziellen Fertigkeiten einzustellen.

Besonders erfolgreiche Schlangentäuscher sind die kalifornischen Ziesel. Dass sie keine Angst kennen, weiß man schon länger. Einfach nur abhauen, wenn sich eine Schlange ihrem Bau nähert, kommt für diese Erdhörnchen nicht in Frage. Sofern sie eine Klapperschlange in ihrer Nähe entdecken, wedeln sie mit dem Schwanz, so dass ein Hagel aus Erde und Steinen auf den Räuber prasselt, was vor allem jüngere Schlangen abschreckt. Doch offenbar haben die Schwanzaktionen, wie nun der Verhaltensforscher Aaron Rundus von der University of California herausgefunden hat, noch einen anderen Sinn. »Sie dienen auch dazu, das Reptil sinnlich zu beeindrucken«, so Rundus. Klapperschlangen spüren nämlich ihre Beute mit ihren Infrarotsinnesorganen auf, einem Wärmedetektor, der es ihnen ermöglicht, auch in der Dunkelheit zu jagen. Der Schwanz des Ziesels wärmt sich nun bei seinen Wedelaktionen derart auf, dass das Erdhörnchen dem hitzesensitiven Reptil plötzlich viel größer und bedrohlicher vorkommt, als es in Wirklichkeit ist. Das ist dann selbst für erfahrene Klapperschlangen zu riskant – sie zischen ab.

Um seine Aufheiz-These zu untermauern, konfrontierte Rundus seine Versuchsziesel mit einer Kiefernnatter, die im Unterschied zur Klapperschlange nicht über Wärmerezeptoren verfügt. Und tatsächlich: Die Erdhörnchen verzichteten auf das Schwanzwedeln und stießen stattdessen schrille Rufe aus, um ihre Artgenossen zu warnen. Sie können also sehr wohl differenzieren, mit welcher Schlangenart sie es zu tun haben. Ein geradezu genialer Schachzug des Ziesels. Und für die Klapperschlangen ein echtes Problem – sofern sich die Evolution keine Gegenstrategie für sie einfallen lässt, werden sie wohl erst einmal auf Erdhörnchen in ihrem Speiseplan verzichten müssen.

Vögel: Lufthoheit mit Tücken

Etwa 250 Millionen Jahre ist es her, als sich aus kleinen Raubdinosauriern die Vögel entwickelten, um den Luftraum für sich zu erobern. Eine kluge Entscheidung. Denn während die Saurier bekanntlich ausstarben, leben die Vögel bis heute. Kein Kontinent, auf dem sie mit ihren mittlerweile rund 10 000 bekannten Arten nicht heimisch geworden wären. Und während andere Tiere für uns meistens unsichtbar bleiben, brauchen wir nur einige Schritte vor unsere Haustür zu gehen oder unsere Fenster zu öffnen, und schon bald wird uns akustisch wie optisch klar: Vögel sind immer und überall.

In der Eroberung des Luftraums waren sie unglaublich kreativ und fantasievoll. Da gibt es die eleganten Gleiter wie den Albatros, pfeilschnelle Jagdakrobaten wie den Sperber, Nonstop-Langstreckenflieger wie die Pfuhlschnepfe und schließlich auch den Kolibri, der mit seinen neunzig Flügelschlägen pro Sekunde nicht nur in der Luft stehen, sondern sogar rückwärts fliegen kann.

Nichtsdestoweniger entschlossen sich einige Vögel während der Evolution zum Flugverzicht, weil ihnen etwas anderes verlockender erschien. Fliegen allein macht eben nicht glücklich. Aber die Verweigerer zahlten für ihren Flugboykott teilweise einen hohen Preis. So wollten die Pinguine lieber ins Wasser, bedachten dabei allerdings nicht, dass sie zur Aufzucht der Brut immer noch an Land müssen, was für einen zum U-Boot umgebauten Flieger mit Stummelbeinen natürlich eine große Anstrengung und ein großes Risiko ist. Andere Vögel wurden zu groß und wollten lieber per pedes unterwegs sein, wie etwa der Strauß. Aber auch er bereut möglicherweise schon das eine oder andere Mal, dass er nicht mehr fliegen kann. Im Verhältnis zum Volumen hat der afrikanische Laufvogel nämlich viel weniger Wärme abstrahlende Oberfläche als andere Vögel. Das ist einerseits sehr energiesparend, andererseits hat es zur Folge, dass ihm mitunter so heiß wird, dass er sich zwecks Abkühlung selbst ans Bein pinkeln muss. In diesen Augenblicken kann er nur sehnsuchtsvoll zu seinen gefiederten Kollegen nach oben schauen, die jederzeit die Chance auf ein kühles Lüftchen in der Höhe haben. Aber man kann eben nicht alles haben – die Evolution ist kein Wunschkonzert.

Reisen bildet? Was Zugvögel so im Kopf haben

Reisen hat traditionell einen guten Ruf. Johann Wolfgang von Goethe schrieb: »Die beste Bildung findet ein gescheiter Mensch auf Reisen.« Und etwa ein Jahrhundert später schrieb Oscar Wilde: »Reisen veredelt den Geist und räumt mit unseren Vorurteilen auf.« Klar, die beiden Poeten kannten noch nicht den Touristentrubel auf Mallorca. Außerdem gestanden sie nur denjenigen zu, sich auf Reisen zu bilden, die ohnehin mit einem wachen und interessierten Geist ausgestattet sind. Das ändert jedoch nichts daran, dass die meisten Menschen im Reisen etwas sehen, das ihr Leben bereichert und spannend hält. Und sie empfinden es auch als ein Stückchen Freiheit. Nicht umsonst schauen wir sehnsüchtig den Zugvögeln hinterher, wenn sie gen Süden davonfliegen – nicht nur, weil die Vögel ins Warme ziehen, sondern auch, weil sie einfach aufbrechen, wenn es ihnen an einem Ort nicht mehr gefällt. So etwas würden wir beizeiten auch gerne tun.

Tatsache ist jedoch, dass Zugvögel von der Not zum Reisen getrieben werden und nicht aus freien Stücken aufbrechen. Wenn es kalt wird, finden sie keine Nahrung mehr und ziehen daher in wärmere Gefilde, wo sie auf ein reichhaltigeres Angebot hoffen. Auch ihre Touren selbst sind hart und entbehrungsreich, von anregenden Bildungsausflügen kann keine Rede sein.

Prinzipiell unterscheidet man bei den Zugvögeln zwischen Lang- und Kurzstreckenziehern. Kurzstrecke ist beispielsweise der Ausflug von der Nordseeküste nach Griechenland, während eine Tour von Mitteleuropa nach Südafrika zu den langen Distanzen zählt. Der bisherige Weltrekord im Langstreckenflug stammt aus dem September 2007, gehalten von einer weiblichen Pfuhlschnepfe namens »E7« (Wissenschaftler sind bei der Namensgebung keine Poeten!). Das Tier flog nonstop von Alaska nach Neuseeland. Das sind sage und schreibe 11 500 Kilometer! Seeschwalben legen zwischen Nord- und Südpol sogar noch größere Strecken zurück, allerdings machen sie dabei öfter Zwischenstopps.

Solche Spitzenleistungen schüttelt man natürlich nicht locker aus dem Gefieder. Die Pfuhlschnepfe futtert sich kurz vor Reiseantritt Fettreserven an, die so üppig sind, dass sie sich mit dieser Zusatzlast kaum in der Luft halten könnte. Zum Ausgleich lässt sie daher Magen, Darm, Leber und Nieren um fünfundzwanzig Prozent schrumpfen, denn die braucht sie bei ihrem Nonstop-Flug nicht. Wenn sie schließlich ihren Bestimmungsort erreicht, sind die Reserven bis zum letzten Gramm aufgebraucht. Sie schafft es dann gerade noch, sich zum nächsten Watt zu schleppen, um ein paar Würmer und Krabben zu picken.

Insgesamt ist die Extremtour der Schnepfe eine höchst riskante Aktion. Sie kann schon durch kleinere Wetteränderungen wie etwa Gegenwind oder Temperaturstürze zur Katastrophe werden – oder dadurch, dass der Vogel ausgerechnet dann an seinem Ziel ankommt, wenn Flut herscht und nahrhafte Wattwanderungen nicht möglich sind. Es stellt sich daher schon die Frage, warum die Pfuhlschnepfe keine kürzeren Distanzen wählt. So kommt sie auf ihrem Flug von Alaska nach Neuseeland an zahlreichen Plätzen vorbei, die auch genug Futter für sie parat hätten – doch diese Optionen wählt sie nicht. Ihre Motive für diese

Abenteuerreisen sind ähnlich rätselhaft wie die Tauchausflüge des Pottwals, der sich tief unten im Meer gefährliche Kämpfe mit Riesentintenfischen liefert, obwohl oben Fischbestände auf ihn warten, die weitaus risikoloser zu erbeuten wären.

Ein anderes Problem der Zugvögel ist der Schlaf. Klar ist, dass sie auf ihn, genauso wie der Mensch, nicht verzichten können. Unklar ist jedoch, ob sie während ihrer mitunter tagelangen Nonstop-Flüge schlafen oder ob sie wach bleiben und den Schlaf später nachholen. Beides ist riskant: die erste Variante, weil man bekanntlich als schlafender Pilot eine hohe Unfallrate hat; die zweite Variante, weil man als Nachholschläfer zur leichten Beute von Raubtieren wird. Möglich, dass die Langstreckenflieger ihre Hirnhälften wechselweise schlafen lassen, so wie man es auch von Delfinen kennt, die zum Luftholen immer wieder an die Wasseroberfläche müssen und sich daher keinen Schlaf der beiden Hemisphären leisten können. Einen Beweis dafür gibt es jedoch noch nicht, weil sich die Vögel beim Fliegen nur ungern einen Helm zum Messen ihrer Hirnströme aufsetzen lassen.

Zur Orientierung verwenden Zugvögel den nächtlichen Sternenhimmel oder die Sonne, oder aber sie halten sich an das Erdmagnetfeld, das sie auch bei wolkigem Himmel nicht im Stich lässt. Wissenschaftler der Universität Frankfurt fanden bei Brieftauben oberhalb ihres Schnabels ein Bündel aus Nervenzellen mit eingelagerten Eisenoxiden, die auf das Erdmagnetfeld ähnlich sensibel reagieren wie eine Kompassnadel. Die Neuronen besitzen eine dreidimensionale Anordnung, sodass die Vögel ihre Position geografisch präzise und unabhängig von ihrer eigenen Bewegung bestimmen können.

Doch selbst ausgefeilte Orientierungsmethoden schützen nicht hundertprozentig vor logistischen Merkwürdigkeiten. So sieht man im Winter am bayerischen Ammersee diverse Vögel, die dort zu der Jahreszeit gar nicht hingehören, etwa den Silberreiher, der es eigentlich in seinem Sommerdomizil in Südosteuropa viel wärmer hätte, oder die Kolbenente, die im Herbst aus dem warmen Spanien ins kalte Bayern zieht. Wissenschaftler rätseln über die Motive dieses umgekehrten Zugvogelverhaltens. Einige vermuten, dass der Klimawandel die Tiere verwirrt hat, andere, dass sie in dem vom Menschen verursachten Chaos an elektromagnetischen Wellen die Orientierung verloren haben. Bewiesen ist weder das eine noch das andere.

Wir wollen daher eine andere Vermutung weiterspinnen. Dass nämlich die Umkehr-Vögel so klug sind, sich bewusst antizyklisch zu verhalten, wie man es von erfolgreichen Börsenhändlern kennt. Das heißt: Sie ziehen im Winter von Süden nach Norden, weil dort kein Konkurrent mehr zu befürchten ist, der ihnen die Nahrung streitig machen könnte. Bleibt die

Frage, ob ein Kranich und eine Ente so weit denken können. Einerseits wäre es ihnen zuzutrauen, weil Vögel generell gute und lernfähige Beobachter sein können. Andererseits aber scheinen jedoch ausgerechnet die Zugvögel in dieser Hinsicht eine Ausnahme zu sein.

Ein Forscherteam der Freien Universität Barcelona entdeckte nämlich, dass Zugvögel kleinere Hirne haben als Vögel, die einem Standort treu bleiben. Der Grund: Wer zuhause bleibt, wenn es kalt wird, muss sich etwas einfallen lassen, um am Leben zu bleiben. Wie etwa die Amsel, die mit einem Zweig den Schnee beiseitefegt, um an Nahrung zu kommen. Oder der Gimpel, der sich im Winter – ganz und gar nicht gimpelhaft – auf Aas umstellt. Zugvögel haben demgegenüber eine komplett andere Strategie: Wenn es unangenehm für sie wird, hauen sie einfach ab. Da braucht man allenfalls ein paar Neuronen mehr für die Orientierung, ansonsten aber funktioniert das auch mit kleinerer Hirnmasse.

Grund genug also, im Winter den Zurückgebliebenen unter den Vögeln Respekt zu zollen und sie nicht als konservative und unflexible Sitzenbleiber zu diffamieren. Denn sie haben sich mit ihrer Umwelt auseinandergesetzt und Wege gefunden, in ihr zu leben. Die Zugvögel hingegen sind ihren Problemen davongeflogen. Bisher mit passablem Erfolg. Doch sofern sich der Klimawandel verschärfen sollte, werden sie aufgrund ihrer mangelnden Flexibilität besonders darunter zu leiden haben.

Jubel, Trubel, Übermut:
Das exzessive Leben der Raben

Es gibt Vögel, die wunderschön aussehen, und andere, die wunderschön singen. Manche brillieren sogar als Sänger und als Fotomodell. Die Raben gehören jedoch nicht dazu. Ihre Lieblingsfarbe ist Schwarz, und wenn sie ihren Schnabel aufmachen, klingt das oft, als ob sich Draculas Sargdeckel öffnen würde. Doch wenn wir diese bloßen Äußerlichkeiten außer Acht lassen und uns auch noch von unseren Vorurteilen befreien, erscheint der Rabe in einem ganz anderen Licht. Dann wird nämlich er zum eigentlichen Paradiesvogel der gefiederten Welt.

Insgesamt zweiundvierzig Arten umfasst die Gattung der Rabenvögel. Die größeren bezeichnet man als Raben, die kleineren als Krähen, was jedoch keine biologische Unterscheidung ist, sondern sich im Volksmund etabliert hat. In alten Zeiten hatten sie noch einen relativ guten Ruf, sie galten als Vögel der Weisheit. Doch obwohl es in der Bibel Beispiele für positive Rabeneigenschaften gibt, verteufelte man sie im Christentum und ihr Image sank in den Keller, wo es heute noch steckt. Geradezu klassisch ist ihr Ruf als Unglücksbote: So sagt eine Legende, dass die englische Monarchie am Ende sei, wenn die Raben den Tower von London verlassen würden. Den Tieren dort werden daher noch heute die Flügel gestutzt, damit sie die Queen und ihre Familie nicht ins Unglück stürzen können.

In Deutschland werden immer wieder Abschuss-
quoten für Rabenvögel gefordert. Sie würden sich angeblich ungehemmt vermehren, der Landwirtschaft
schaden und aufgrund ihrer Nesträuberaktivitäten
auch das ökologische Gleichgewicht aus der Bahn
werfen. Wissenschaftlich bewiesen ist freilich nichts
von alledem und die ungehemmte Vermehrung ist
reine Legende, insofern Raben über die Kunst der natürlichen Geburtenkontrolle verfügen. Aber es zeigt,
dass auch in der Tierwelt ein ramponierter Ruf eine
schwere Bürde sein kann.

Vielleicht ist es ja, neben ihren gelegentlichen Aus-
flügen ins Aasfresserfach, auch die überragende Intelligenz der Raben, die dem Menschen Angst macht
und ihn zu Vorurteilen anheizt. Das größte Vogelhirn
hat zwar der redseligere Papagei, doch die Schwarzen
sind, wie Wissenschaftler herausfanden, weitaus in-
novativer. Sie können komplexe Handlungen planen,
Werkzeuge einsetzen und anderen Tieren die Beute
klauen. Sie werfen sogar Steine in ein Gefäß mit Wasser, damit der Pegel auf Trinkhöhe steigt – auf solche
Geistesblitze wartet selbst so mancher Homo sapiens
vergeblich.

Doch Intelligenz hat eben auch ihre Schattenseiten.
Bei den Vögeln äußert sich das vor allem in einem geradezu exzessiven Drang zur Zockerei. Wohlmeinend
könnte man es auch Spieltrieb nennen, doch beim Raben ist dieser so schräg und läuft allen Gesetzen der
Evolution zuwider, dass er mit Zockerei besser be-
schrieben ist.

Der englische Verhaltensforscher Jonathan Balcombe beschäftigt sich explizit mit dem tierischen Drang zu Spaß und Spielerei – und hat dabei besonders oft mit Raben und Krähen zu tun. In New York beobachtete er, wie sie minutenlang in verschiedenen Formationen um einen Kirchturm flogen, ohne dabei einen bestimmten Zweck zu verfolgen wie etwa Balz oder Nahrungserwerb. »Es machte ihnen einfach nur Spaß«, stellte Balcombe fest. Wie überhaupt Kunststücke zu den großen Leidenschaften der Rabenvögel gehören. Am Hudson Bay sind sie berühmt dafür, dass sie auf Dächern herunterrutschen oder sich kopfüber an die Stromleitungen hängen, um sich dann im Salto fallen zu lassen.

Auch fliegen Raben gerne mal auf dem Rücken, selbst auf längeren Strecken. Weil dies überwiegend männliche Exemplare tun, vermuten einige Wissenschaftler, dass es sich um eine der typisch männlichen

Prahlereien handelt. Dagegen spricht, dass die meisten Weibchen überhaupt nicht hingucken. Außerdem verhaken sich nicht wenige Rückwärts-Hasardeure in der nächsten Baumkrone, einige Flüge enden sogar mit lauten Crashs. Dann freilich schauen die Weibchen hin – aber Pluspunkte in der Partnerwahl haben die Bruchpiloten damit sicher nicht gesammelt.

Evolutionär fragwürdig auch der Raben-Spleen, andere Tiere zu ärgern. Wie etwa die Wölfe, denen die Vögel gerne in den Schwanz picken. Eine Dohle wurde von dem holländischen Zoologen Frans de Waal dabei beobachtet, wie sie immer wieder haarscharf über die Köpfe von Hunden hinwegflog, die natürlich nach dem dreisten Überflieger schnappten. Solche Aktionen sind gefährlich, auch wenn Rabenvögel gute Flieger sind – und sie bringen keinerlei Überlebensvorteile. Sie machen nur Spaß.

So verspielt und exzessiv Raben und Krähen sein

können, in der Partnerschaft setzen sie auf Vertrauen und Zuverlässigkeit: Sie sind monogam. Ihr Ziel ist also nicht die flächendeckende, sondern eine begrenzte, dafür aber weitgehend sichere Weitergabe der Gene. Evolutionsbiologen halten zwar die Polygamie für die bessere Fortpflanzungsstrategie – nach dem Motto: Wer viel kopuliert, hat viel Kraft und gibt diese auch noch an besonders viele Nachkommen weiter –, doch Rabenvögel haben sich noch nie gern an Regeln gehalten, die von Menschen gemacht wurden. Über die gängigen Vogelscheuchen können sie ja auch nur noch lachen.

Weibliche Dohlen gehen sogar so weit, bei der Partnerwahl ganz gezielt auf rangniedere Männchen zu setzen. Weil die ihre Kräfte nicht in irgendwelchen Scharmützeln mit Konkurrenten verpulvern, sondern sich stattdessen aufopferungsvoll um den Nachwuchs kümmern: Sie liefern ihre gefangenen Insekten und Engerlinge brav bei der Mutter ab, die sie dann in mundgerechten Portionen an die Küken verteilt. Harmonische Softie-Kultur also statt hierarchischem Macho-Gedröhne – würden wir uns das nicht auch bei den Menschen manchmal wünschen? Bleibt allerdings festzuhalten, dass auch Dohlenweibchen diese Strategie nur dann wählen, wenn in der Nachbarschaft viele Dohlennester sind und dementsprechend viele Scharmützel unter den Männchen ausgetragen werden müssen. Sofern die Gegend weniger dicht besiedelt ist, bevorzugen sie wieder den guten alten Macho-Mann.

Sklave der Lüfte: Der Fregattvogel ist verdammt zum ewigen Fliegen

Die Legende des Ahasverus hat genau den Stoff zu bieten, aus dem sich große Romane schreiben lassen, und tatsächlich wurden die Dichter immer wieder von ihr inspiriert. Ihren Ursprung hat die Legende im Jahr 1602. Sie handelt von dem jüdischen Schuster Ahasverus, der um 30 n. Chr. in Jerusalem lebte. Er wohnte an dem Weg, den Jesus mit dem Kreuz auf dem Rücken nach Golgatha gehen musste. Just vor dem Haus des Schusters verließen den Nazarener seine Kräfte und er ging in die Knie. Doch Ahasverus drängte den Entkräfteten gnadenlos zum Weitergehen. Jesus bedachte ihn daraufhin mit einem Fluch: »Ich will stehen und ruhen, *du* aber sollst gehen!« Ahasverus wurde also zum ewigen Wandern verdammt. Nirgendwo sollte er mehr sesshaft werden und seinen inneren Frieden finden, selbst der Tod sollte ihm verwehrt bleiben. Sein Schicksal gilt bis heute als Sinnbild der ewigen Rastlosigkeit.

Wir können davon ausgehen, dass den Fregattvögeln die Legende vom »ewigen Juden« unbekannt ist. Gleichwohl hat ihr Leben viel »Ahasvereskes« an sich: Sie sind verdammt zum ewigen Fliegen. Und das verdanken die Fregattvögel ihrer extremen Anpassung an das Leben in der Luft. Sie haben lange, schmale Flügel und ihr Flugbild ähnelt – von unten betrachtet – einem platt gedrückten *W*. Die Flügelspannweite kann über zweihundertvierzig Zentimeter betragen, was durchaus an die Ausmaße des Albatros heranreicht. Noch beeindruckender ist aber das luftgefüllte Skelett der fliegenden Fregatten. Es macht gerade einmal fünf Prozent des gesamten Körpergewichts aus, das mit 600 bis 1600 Gramm ohnehin schon leichter ist als bei anderen Vögeln. Die Knochen des Schultergürtels, auch das ist einmalig unter den Federtieren, sind miteinander verwachsen; der Oberarmknochen ist kurz, Elle und Speiche sind dafür extrem lang. All diese Knochenmerkmale machen den Fregattvogel zu einem überaus wendigen und ausdauernden Flugkünstler.

Dass der Fregattvogel seine Künste auch zum Leidwesen anderer einzusetzen weiß, davon kann der Tölpel ein Lied singen. Dieser Ruderfüßer lebt in den gleichen Gebieten wie der Fregattvogel, also auf einsamen Inseln im tropischen und subtropischen Ozean. Eigentlich ein ruhiges und beschauliches Leben. Doch zur Brutzeit muss der Tölpel seine Eier vor dem listigen Darwin-Finken schützen, und später, bei der Aufzucht der Nachkommen, macht ihm der Fregattvogel das Leben schwer. Der lebt zwar normalerweise von fliegenden Fischen und Kalmaren, doch weil die nicht immer genau dann aus dem Wasser springen, wenn er Hunger hat, sucht er nach Alternativen für seinen Speisezettel. Sieht er einen Tölpel, der nach erfolgreichem Fischzug mit prall gefülltem Kropf zu seinem Nest zurückfliegen will, stellt er ihm nach, um ihn mit Scheinangriffen zu irritieren und nach seinen Schwanzfedern zu schnappen. Ein echtes Problem für den Tölpel, der seinen Namen nicht ganz zu Unrecht trägt. Um nicht aus dem Gleichgewicht zu kommen, bleibt ihm nur, seine Beute herauszuwürgen. Das wiederum ist genau der Moment, auf den der wendige Fregattenpirat gewartet hat: Bevor die vorgeweichte Delikatesse ins Wasser oder auf den Boden fällt, schnappt er sie sich im freien Fall.

Doch dem Tölpel bleibt als Trost, dass der Fregattvogel – wenn er nicht gerade in der Luft ist – auch ein echter Tollpatsch sein kann. Der Fregattvogel bezahlt nämlich für seine fliegerische und räuberische Eleganz einen hohen Preis. Denn technisch gesehen ist er eine Kombination aus Segelflieger und Kampfbomber, ausgestattet mit übergroßen Flügeln und einem viel zu starken Motor. So etwas zum Landen zu bringen ist ohnehin schwer genug. Zudem verkürzte die Evolution, um noch mehr Gewicht zu sparen, die Beine des Vogels auf Stumpengröße. Sie taugen weder zum Schwimmen noch zum Gehen, sondern allenfalls dazu, sich an einem Ast oder Schiffsmast festzukrallen. Tauchmanöver oder Bauchlandungen auf dem Ozean scheiden ebenfalls aus: Der Luftspezialist würde dabei ertrinken, weil sich sein Gefieder mit Wasser vollsaugt. Aufgrund seiner zurückgebildeten Bürzeldrüse kann er es nicht mehr einfetten. Was im Fazit heißt: Laufen ist nicht, Schwimmen ist nicht, Tauchen ist nicht – der Fregattvogel ist verdammt zum ewigen Fliegen.

In seinen wenigen Ruhepausen sitzt er mit ausgebreiteten Flügeln im Baum oder auf einem Schiffsmast, wobei er die Unterseiten der Flügel nach oben dreht. Das sieht aus wie das Sonnenbad eines Mönchs, der seine Kutte nicht ausziehen will. Wissenschaftler vermuten allerdings genau das Umgekehrte, nämlich dass der Vogel mit seiner eigentümlichen Flügelposition nicht Sonne tanken, sondern überschüssige Wärme abstrahlen will, die sich bei seinen anstrengenden Flugmanövern aufgestaut hat. Außerdem lassen sich in dieser Position verbogene Schwungfedern wieder ins Lot bringen. In jedem Fall ist der Fregattvogel selbst in der Pause noch irgendwie aktiv. Einfach nur dumpf herumsitzen und entspannen, wie Eule und Bussard es stundenlang tun können, ist ihm verwehrt. Für den Ahasverus unter den Vögeln gibt es eben keine wirkliche Erlösung.

Säugetiere: Ein Modell mit Perspektive und vielen Opfern

Zwei Merkmale sind es, die Säuger von anderen Tieren unterscheiden: Einmal natürlich, dass die Weibchen ihren Nachwuchs säugen, und zum anderen, dass sie ein Fell haben – selbst ein Nacktmull hat noch ein paar Borsten auf seiner Haut. Lediglich Wale und Seekühe bilden hier eine Ausnahme, weil sie im Wasser als Isolation gegen die Kälte eine Speckschicht einfach besser gebrauchen können als ein nasses Fell.

Entwickelt haben sich die Säugetiere vor etwa 200 Millionen Jahren aus einem Seitenast der Reptilien, doch ihre große Zeit kam eigentlich erst vor etwa 65 Millionen Jahren, als die Dinosaurier verschwanden und den ehrgeizigen Fellträgern Platz machten. Derzeit sind sie mit etwa 5500 Arten auf dem Globus vertreten. Sie besiedeln mittlerweile alle Flecken dieser Welt, vom ewigen Eis über den undurchdringlichen Dschungel bis hin zur trocken-heißen Wüste, und selbst im Wasser findet man Säugetiere. Wissenschaftler gehen allerdings auch davon aus, dass die Säuger in ihrer Geschichte bereits mehr als 10 000 Arten verloren haben. Sie marschierten also keineswegs im reinen Triumphzug durch die Evolution, sondern viele Arten mussten als fehlgeschlagene Experimente wieder verschwinden.

Andererseits lässt die Tatsache, dass die Arten tausendfach ausgestorben sind, vermuten, dass die übrig gebliebenen Säugetiere ziemlich robust sein müssen, weil sie ja viele Konkurrenten hinter sich gelassen haben. Für ihre Zukunftsperspektiven spricht auch, dass man sie in allen möglichen Größen findet, von der Spitzmaus bis zum Blauwal, keine andere Tierklasse schafft solch einen Spagat. Er zeigt, dass man mit den Säugerprinzipien – die Körperwärme unabhängig von der Umwelt halten und den Nachwuchs mit eigener Körperflüssigkeit versorgen – offenbar die unterschiedlichsten Modelle durchbringen kann. Für die Überlebenschancen in dem sich abzeichnenden Klimawandel ist das ein großer Vorteil – eine Garantie für die Zukunft bereits bedrohter Arten ist es jedoch nicht.

Wer sagt, dass Schlafen klug macht?
Der Ziesel und sein Winterkoma

Für uns Menschen ist der Schlaf etwas Angenehmes. Er ist ein Synonym für Ruhe, Frieden und Erholung, was besonders deutlich wird, wenn wir einem Baby beim Schlummern (auch schon das klingt ja durch und durch positiv!) zugucken. Dies ist womöglich ein Grund dafür, dass wir den Winterschlaf der Tiere gerne romantisch verklären. Wir denken dabei an Igel, die sich mit Laub zudecken, an kuschelnde Mäuse, die sich gegenseitig wärmen, und an den dicken Bären, der in seiner Höhle friedlich auf den Frühling wartet.

Tatsache ist: Winterschlaf bedeutet harte Entbehrung. Kein Mensch könnte ein halbes Jahr ohne Nahrung auskommen. Selbst von den Winterschläfern unter den Tieren schaffen das nur wenige. Einer von ihnen ist der europäische Ziesel. Doch auch sein Winterschlaf ist alles andere als romantisch – oder klingen Ihnen Begriffe wie Amnesie und Alzheimer wie Musik in den Ohren?

Zoologisch gesehen gehört der Ziesel zu den Erdhörnchen. Damit ist er ein Verwandter der Murmeltiere, was bereits den Verdacht aufkommen lässt, dass er sich gut aufs Schlafen versteht. Denn Murmeltiere schlafen nicht nur tief wie ein Murmeltier, sie lassen auch ihre Leber und Nieren um dreißig und ihren Darm sogar um fünfzig Prozent schrumpfen, um genug Energie für die Winterpause zu haben. Ob der Ziesel zu ähnlichen Leistungen fähig ist, hat Eva Millesi vom Wiener Institut für Wildtierkunde untersucht. Sie hat ihn dazu in eine Kühlkammer gepackt, die er so unbehaglich fand, dass er sich sogleich im Gestrüpp zur undefinierbaren Fellkugel zusammenrollte, um auf bessere, wärmere Zeiten zu warten.

Allerdings hat das Warten eines Ziesels im Kältezustand nur wenig mit dem zu tun, was wir uns unter Warten vorstellen, wenn wir beispielsweise an einer Bushaltestelle stehen. Kaum ein anderer Winterschläfer unter den Säugetieren schläft so lange wie ein Ziesel – insgesamt oft acht Monate lang! Die Igel mit ihren vier und selbst die Siebenschläfer mit ihren sieben Monaten sind dagegen echte Frühaufsteher.

Zudem ist der Schlaf des Ziesels überaus tief. Millesi attestiert ihm nicht nur eine extrem flache Atmung, sondern auch einen extrem ruhigen Pulsschlag von zwei Schlägen pro Minute. Klar, dass bei dieser Frequenz in den Adern des Tiers eher die Bedingungen eines Tümpels herrschen als die eines regen Blutkreislaufs – und dass dadurch für das Gehirn ziemlich wenig Sauerstoff abfällt. Der Ziesel befindet sich daher die meiste Zeit im traum- und ereignislosen Tiefstschlaf, der Kontakt zur Außenwelt wird nahezu komplett abgebrochen. Weswegen viele Ziesel beim Aufwachen aus ihrem Winterkoma feststellen müssen, dass sie irgendjemand angeknabbert hat – und sie gar nichts davon bemerkt haben.

Noch größer als der Knabberschaden ist aber möglicherweise der Schaden, den das Gehirn des Ziesels beim Winterschlaf nimmt. Dies hat Eva Millesi nämlich durch Lauftests im Labyrinth festgestellt. Tiere ohne Winterschlaf fanden noch Monate später den Ausgang, mit Winterschlaf hatten sie jedoch keinen Schimmer mehr, wie sie aus dem Irrgarten herauskommen sollten. Dieser experimentelle Befund deckt sich mit der Beobachtung englischer Biologen, die in den Gehirnen von Zieseln nach der Winterpause Plaques gefunden haben, die man sonst von menschlichen Alzheimerpatienten kennt. Der Verwandte des Murmeltiers erwacht also aus seinem Winterschlaf im Zustand der fortgeschrittenen Demenz. Vermutlich weiß er nicht einmal mehr, wo er sich gerade befindet.

Immerhin hat die Evolution für den Ziesel Wege gefunden, um das Schlimmste zu verhindern. So durchläuft er in den sieben bis acht Monaten seiner Winterruhe auch Phasen mit leichterem Schlaf, damit das Gehirn nicht völlig abgeschaltet wird. Außerdem währt die Amnesie danach nicht ewig, sondern nur einige Tage. Der Körper des Ziesels ist offenbar imstande, sogar schwere Hirnschäden halbwegs zu beheben. Der Alzheimerpatient kann so etwas nicht. Verständlich, dass Mediziner jetzt versuchen, den Reparaturtechniken der Zieselhirne auf die Schliche zu kommen, um sie für den Menschen nutzbar zu machen.

Doch selbst wenn demnächst Ziesel-Denkmäler in unseren neurologischen Kliniken stehen – so richtig nachvollziehbar ist ihr Winterschlafverhalten nicht.

Denn eigentlich ist es nicht nötig, dass der Ziesel so lange in den Winterschlaf geht. Fünf bis sechs Monate würden ihm auch reichen, um die Futterengpässe des Winters zu überstehen. Er frisst nämlich nicht nur Samen, sondern auch Wurzeln, Knollen und sogar Insekten und Schnecken, so dass auch im Spätherbst oder beginnenden Frühling genug Nahrung für ihn zu finden wäre. Außerdem erfordert es einen hohen Energieaufwand, sich immer wieder aus dem Koma in eine leichtere Schlafphase hochzuarbeiten. Er könnte ja auch einfach durchgehend eine Schlafphase wählen, die irgendwo dazwischenliegt. Doch vielleicht möchte der Ziesel so weit wie möglich abtauchen aus dem harten Leben, um danach ohne Erinnerung an alle Mühseligkeiten und wie neugeboren wieder aufzuwachen. Dann hätte der hirnzellenschädigende Schlaf auch für den Ziesel etwas Tröstliches.

Armer Teufel freut den Fuchs: Warum der Beutelteufel am Ende ist

Der Koala ist niedlich, das Känguru witzig, der Wombat stoisch und das Flughörnchen ein Luftakrobat – Beuteltiere können schräge Exoten sein, doch in der Regel genießen sie beim Menschen große Sympathie. Nur für einen gilt das nicht: den Beutelteufel. Schon sein Name lässt ein miserables Image erahnen.

In seiner Heimat Tasmanien galt er lange als heim-
tückischer Hühner- und Lämmerkiller, den man mit
allen Mitteln bekämpfen musste. *Brehms Tierleben*
bezeichnet ihn als »recht hässlich« und geht dann in
Details, die das Tier ganz oben auf die Warteliste eines
Schönheitschirurgen katapultieren müssten: Der
plumpe Kopf sitze auf einem »gedrungenen Körper
mit ziemlich krummen, kurzen Beinen«, die kleinen
Ohren seien »außen behaart und innen nackt« und
die Lippen »mit vielen Warzen bedeckt«. Auch Brehms
Führungszeugnis für den Beutelteufel fällt ungenü-
gend aus: »Man kennt ihn als ungemütlichen, wüten-
den, schlecht gelaunten Einzelgänger, der bei Bedarf
bellt, knurrt oder quietscht.«

Nun könnte sich der Beutelteufel damit trösten,
dass es in der Evolution keine Bonuspunkte für nette
Wesen mit liebreizendem Aussehen gibt, und sich dafür die Waldeidechsen zum Beispiel nehmen. Ihnen
attestierte Brehm einen »zanktüchtigen und streitlus-
tigen Charakter«, sie hätten »fast ununterbrochen
Händel mit anderen ihres Geschlechts« – was auch
von der modernen Wissenschaft bestätigt wird. Trotz
ihres unfreundlichen Auftretens haben sie Karriere
gemacht: Keine andere Echse schlägt ihre Zelte so weit
im Norden auf wie die Waldeidechse, bis hinauf zum
Varangerfjord am 70. Breitengrad findet man sie. Im
Jahr 2006 kürte sie die Deutsche Gesellschaft für Her-
petologie und Terrarienkunde zum Reptil des Jahres,
mit dem Zusatz »erfolgreichste Reptilienart der Welt«.

Davon kann der Beutelteufel nur träumen. Schon

sein Laufstil sieht alles andere als souverän aus. Er
wirkt, als müsse er ständig an irgendetwas vorbeibalancieren, als würde immerzu eine Karambolage drohen. Der Grund für diese absonderliche Fortbewegungsform liegt nicht nur in seinen – wir erinnern
uns – »krummen, kurzen Beinen«, sondern auch in
seinem riesigen Kopf, der die Hälfte des gesamten
Körpers ausmacht. Der Teufel kann ihn kaum gerade
halten und gerät dadurch so stark ins Wanken, dass es
auf den Betrachter trottelig und unbeholfen wirkt.
Nicht umsonst hielten ihn dereinst die europäischen
Kolonialherren, die den archaischen Beuteltieren des
australischen Kontinents ohnehin nicht viel zutrauten, für ausgesprochen dämlich. Doch damit tut man
ihm wirklich unrecht. Denn in dem – zugegebenermaßen nicht gerade liebreizenden – Riesenschädel
wohnt ein durchaus respektables Gehirn.

Weitaus größere Probleme bereitet dem Beutelteufel sein ungesunder Lebensstil. Er schläft am Tag und
nutzt das Dunkel der Nacht für seine Nahrungssuche.
So etwas verschafft einem Tier, dem die Evolution riesige Kiefer mit beängstigenden Zähnen geschenkt hat,
natürlich schnell den Ruf eines heimtückischen Jägers.
Tatsache ist jedoch: Der Teufel steht auf Aas. Er verschlingt die verendeten Tierkörper sogar komplett,
also mitsamt Knochen, Fell und inneren Organen.
Dass solch ein Speisezettel aus Gammelfleisch und
verdrecktem Fell dramatisch viele Keime und Gifte
enthält, liegt auf der Hand.

In den 1990ern boomte auf Tasmanien der Straßenverkehr, sodass der Teufel plötzlich eine große Auswahl an Kadavern in Form überfahrener Tiere vorfand. Vermutlich war das zu viel für sein Immunsystem. Jedenfalls brach 1996 eine Krankheit namens DFTD (Devil Facial Tumour Disease) unter seinesgleichen aus: ein bösartiger Krebs, der sich im Kopfbereich der Tiere ausbreitet. Er befällt Gesichtshaut, Nacken und Mundhöhle, so dass die Beutelteufel nicht mehr fressen können. »Sie verhungern ungefähr sechs Monate nach den ersten Anzeichen der Tumore«, erklärt Biologin Menna Jones vom tasmanischen Umwelt-Department. Eine Spontanheilung gibt es nicht: DFTD führt unweigerlich zum Tod.

Erschwerend kommt hinzu, dass dieser Krebs ansteckend ist. Und die infektiösen Krebszellen finden reichlich Gelegenheit zum Ausschwärmen, weil die tasmanischen Teufel ausgerechnet bei ihren Aasgelagen aus ihrer Ungeselligkeit erwachen, um sich heftige Kämpfe um die Beute zu liefern und sich gegenseitig zu beißen. Tasmanische Biologen und Tiermediziner gehen davon aus, dass es wohl kaum noch Beutelteufel gibt, die nicht infiziert sind. Ihr ursprünglicher Bestand von 150 000 hat sich seit Ausbruch der Seuche mehr als halbiert, sehr zur Freude der Füchse, die 2001 illegal auf Tasmanien ausgesetzt wurden und es zunächst schwer hatten, sich gegen den aggressiven Beutelteufel durchzusetzen. Seitdem der jedoch sein Krebsdesaster durchmacht, triumphiert der Rotrock – und macht jetzt genau das, was man seinem Konkurrenten ständig vorgeworfen hat, nämlich in Hühnerställe einbrechen.

Schon sehen sich die Tasmanier nach ihren unge-
liebten Teufeln zurück. »Vor zehn Jahren waren sie
nichts als stinkende, lästige Tiere, die kaum jemand
mochte. Heute wird ihre Entwicklung mit Sympathie
verfolgt«, berichtet Nick Mooney. Er muss es wissen.
Der Biologe wurde vom Umwelt-Department extra
zur Beobachtung der Tiere abgestellt. Auf Tasmanien
will man jetzt verhindern, dass der Teufel zum Teufel
geht. Doch die Chancen stehen schlecht.

Frust macht dicke Backen: Der Hamster neigt zum Kummerspeck

Wenn man das putzige Eichhörnchen an seiner Nuss
knabbern sieht, traut man ihm nicht unbedingt zu, dass
es zu einer überaus durchsetzungsstarken Tierordnung
gehört, nämlich zu den Nagern. Die stellen mit über
2200 Arten rund zweiundvierzig Prozent aller Säuge-
tierspezies. Andere Ordnungen wie etwa die Huftiere
und Primaten kommen da nicht annähernd heran.

Das Gewicht der Nagetiere reicht von den fünf
Gramm einer Zwergmaus bis zu einem Zentner, den
das Wasserschwein wiegen kann. Mit Ausnahme der
Antarktis gibt es praktisch keinen Lebensraum, den
sie nicht besiedelt hätten. Sie haben es sogar ohne
menschliche Mithilfe bis nach Australien geschafft.
Das Einzige, was sie nicht besiedeln konnten, ist das

Wasser. Doch als überwiegend vegetarische Nussknacker und Baumfäller mit eisenharten Vorderzähnen haben sie in einem Medium, dessen Pflanzenwelt von flauschig-weichem Seegras und geleeartigen Algen beherrscht wird, auch nichts verloren.

Nur wenige Nager wie etwa das Stachelschwein und der Nacktmull haben eine Lebenserwartung von mehr als zwanzig Jahren. Die meisten werden nicht älter als zwei Jahre, doch dafür haben sie eine außerordentlich hohe Fortpflanzungsquote. Der bekannte Goldhamster etwa bringt nach einer extrem kurzen Tragzeit von sechzehn Tagen bis zu fünf Junge zur Welt und das kann er bis zu acht Mal pro Jahr. Macht pro Jahr summa summarum dreißig bis vierzig Junge, die im Alter von durchschnittlich vierzig Tagen ebenfalls geschlechtsreif werden und zur Nachkommenschaft beitragen können. Mit solchen Quoten kann der Hamster locker verschmerzen, dass er, im Unterschied etwa zu den Kaninchen aus dem weiteren Verwandtenkreis, nur relativ schlecht sehen kann. Seine Augen sind zwar groß wie Hemdsknöpfe, doch sie reichen gerade zur Wahrnehmung von Bewegungen und Helligkeitsunterschieden.

Der Hamster gehört zu der Gruppe der Mäuseartigen und ist damit ein enger Verwandter der Mäuse und Ratten. Von denen weiß man, dass sie unter Stress ihren Appetit und schließlich an Gewicht verlieren. Beim Goldhamster ist das jedoch genau anders herum: Unter Stress entwickelt er einen regelrechten Heißhunger und er wird dick und fett.

Amerikanische Forscher steckten für ein Experiment jüngere Hamster für jeweils sieben Minuten zu einem älteren und stärkeren Artgenossen in den Käfig. »Innerhalb weniger Sekunden hatten die beiden Tiere ihren Revierkampf hinter sich«, erklärt Studienleiterin Michelle Foster von der Georgia State University in Atlanta. »Der Eindringling ordnete sich dem Hausherrn unter – und begann kurz darauf, deutlich mehr zu fressen.«

Die Heißhungerattacken waren umso stärker, je unregelmäßiger die Tiere dem Stress ausgesetzt waren. Auch dies eine Parallele zum menschlichen Verhalten. »Unvorhersagbare Stressereignisse sind für Menschen wie Hamster weitaus schädlicher als Stressoren, auf die sie eingestellt sind«, sagt Foster. Und noch eine Parallele zwischen Nager und Ober-Primat: Beide setzen ihren Kummerspeck am Bauch an – dieses sogenannte Viszeralfett gilt bekanntlich als besonders gesundheitsschädlich, weil es das Infarktrisiko nach oben treibt.

Physiologisch erklärbar wird das Stress-Fressen durch die Ausschüttung von Cortisol, einem Hormon, das Entzündungen hemmt – und den Appetit anregt. Dennoch bleibt die Frage, was das alles im Kampf ums Überleben bringen soll. Die Entzündungshemmung ist sicherlich sinnvoll, wenn der Hamster befürchten muss, dass es im Kampf mit einem stärkeren Artgenossen zu Verletzungen kommt. Doch was soll der Heißhunger bringen? Soll er den gestressten Hamster größer und massiver werden lassen, sodass er künftig den Konkurrenten beeindrucken kann? Dies mag wohl bei Sumo-Ringern klappen, doch bei Tieren ist es eher umgekehrt: Wer dick ist, wirkt unbeweglich und tapsig – und macht dadurch niemandem Angst.

Von der Psychoanalyse des Menschen wissen wir, dass Frustessen oft als Ersatz für entgangene Triebbefriedigung herhalten muss. Nach dem Muster: Wenn ich schon keinen Sex habe und ihn den Konkurrenten überlassen muss, halte ich mich wenigstens am Essen schadlos. Wir wissen nicht, ob das auch beim Hamster so ist. Doch möglich wäre es. Wenn wir uns im Alltag schon manchmal wie ein Hamster fühlen, der sich im Hamsterrad umsonst abstrampelt – warum sollte der Nager sich nicht auch mal am Menschen orientieren und seinen sexuellen Frust per Speisekarte kompensieren?

Schmerzlos unter der Erde:
Ein Nacktmull kennt nur Verwandte

Es gibt wohl nur wenige Menschen, die den Nacktmull als schön bezeichnen würden. Allein seine Schneidezähne sind so groß, dass er sie unmöglich im Maul verstecken kann, mit der Folge, dass sie wie Kneifzangen aus dem Gesicht ragen. Vielleicht könnte man das ja hinnehmen, wenn der Nacktmull wenigstens, quasi als ästhetischer Ausgleich, ein flauschiges Fell hätte, so wie man es von anderen Nagetieren wie den Hamstern und Eichhörnchen kennt. Doch wie schon sein Name sagt: Er ist praktisch haarlos – ein Tribut an seine unterirdische Lebensweise in den heißen Halbwüsten Ostafrikas. Wer da ein Fell hat, hat auch Parasiten, weswegen die Evolution beim Nacktmull lieber darauf verzichtet hat. Stattdessen bekam er eine lose und faltige Haut, sodass er schon in jungen Jahren aussieht wie ein Greis. Aber auch dabei hat sich die Evolution etwas gedacht: Die Falten schützen die inneren Organe des Sandgräbers, wenn er sich durch seine engen Tunnel zwängt.

Auch sonst ist der Nacktmull bestens an seine unterirdische Lebensweise angepasst. Besonders interessant ist, dass er keine Schmerzen kennt. Man könnte ihn sogar mit Säure übergießen, ohne dass er sonderlich darauf reagieren würde. Wissenschaftler vermuten, dass er sich diese Fähigkeit zulegte, weil in seinen unterirdischen Gängen nur wenig Sauerstoff, dafür aber umso mehr Kohlendioxid kursiert, das die Schmerzsensoren unter Daueraktivität setzt. Ein unerträglicher Zustand, den auch der Nacktmull nicht aushalten würde – wäre nicht sein Schmerzempfinden im Laufe der Evolution einfach abgeschaltet worden. Menschliche Krebs- und Rheumapatienten können davon nur träumen.

Der Körper des Nacktmulls hat die Form eines Zylinders, sein Kopf sieht aus wie ein abgeflachter Kegel und besteht überwiegend aus Kaumuskeln, die fünfundzwanzig Prozent der Gesamtmuskelmasse ausmachen. Die Augen werden von einem dicken Lid überlagert und sind fast blind, die winzigen Ohren haben keine äußere Muschel, und die Nasenlöcher liegen, größtenteils abgedeckt durch eine Hautfalte, eng beieinander in einer hufeisenförmigen Zone oberhalb der Nagezähne. Wie gesagt: Kaum jemand kann so etwas wirklich schön finden. Aber Menschen bekommen den Nacktmull in der Regel ohnehin nicht zu Gesicht. Auch wenn er es mittlerweile sogar zu etwas Fernsehruhm gebracht hat: In der Cartoon-Serie *Kim Possible* wohnt ein Nacktmull namens Rufus in der Hosentasche eines tollpatschigen Jungen, der ähnlich schräg ist wie sein Haustier. Ron, so heißt der Junge, rettet zusammen mit seiner Freundin Kim die Welt vor bösen Schurken, und Rufus, der mit seinen Riesenbeißern auch mal feindliche Geräte sabotiert, ist immer dabei. Der echte Nacktmull würde darüber wohl nur den Kopf schütteln. Denn die Welt oberhalb der Grasnarbe ist ihm zutiefst suspekt – er lebt im Untergrund, wo es

Freiheit und Demokratie noch weniger gibt als Sauerstoff.

Die bis zu dreihundert Exemplare einer Nackt-
mullgesellschaft schuften nämlich als asexuelle Sklaven für eine despotische Königin, die als einziges
Weibchen fruchtbar ist und pro Jahr etwa sechzig
Junge wirft. Dazu hält sie sich ein bis drei Liebhaber in
ihrer Nähe, die nach ihrem Job als Begatter erstaunlich schnell altern und zugrunde gehen.

Die Nacktmullkönigin achtet penibel darauf, dass ihre Fortpflanzungshoheit unangefochten bleibt. Immer wieder ist sie in ihrem Tunnelstaat auf Kontrollgang. Trifft sie dabei auf ein anderes Weibchen, wird dies mit aggressiven Attacken drangsaliert und geknechtet, bis es demütig auf dem Boden kauert und die Horror-Queen über sich hinwegsteigen lässt. Klar, dass die gedemütigten Tiere das als starken Stress empfinden, und der führt zur Ausschüttung von bestimmten Hormonen, die ihrerseits wiederum die Produktion von Geschlechtshormonen herabsetzen. Mit der Konsequenz, dass die unterdrückten Weibchen kaum Lust auf Sex entwickeln und zudem noch unfruchtbar sind. Ihr Leben besteht also aus Dunkelheit und Maloche sowie aus ständigem Ärger mit der Chefin und dem Komplettverzicht auf Sex und eigene Kinder. Solch ein trostloses Schicksal lässt sich selbst mit Schmerzfreiheit nicht aufwiegen, sogar das Leben einer Arbeitsbiene erscheint dagegen paradiesisch.

Es ist überhaupt ungewöhnlich für ein Säugetier, dass sich nur die Königin und ihre Auserwählten fortpflanzen dürfen, während die Mehrheit der Gruppe schuften muss. Eine solche Klassengesellschaft kennt man sonst nur aus dem Insektenreich, etwa von Ameisen, Termiten und Bienen. Der Nacktmull ist also in seiner Evolution, zumindest im Hinblick auf das Sozialleben, einen Schritt rückwärtsgegangen. Doch welche Vorteile im Überlebenskampf hat ihm das gebracht?

Die verbreitete Theorie dazu lautet, dass der Nacktmull durch Nahrungsmangel zur Diktatur gezwungen
werde. Er lebt nämlich von hartfaserigen Pflanzen-
knollen, die überaus viele Ballaststoffe enthalten und
dadurch nur wenig Nährwert haben. Darüber hinaus
wachsen in Ostafrika nicht übermäßig viele von diesen Knollen, man muss also ziemlich lange nach ihnen
suchen.

Für die Mulle bedeutet dies: Sie müssen viel Kraft
für eine Nahrung investieren, die nur wenig Energie
liefert. Ein echtes Problem, das sich aber durch Ar-
beitsteilung lösen lässt, die dem Individuum beim
Kräftesparen hilft. Aus diesem Grund bleibt die Nackt-
mull-Queen zu Hause, um Nachwuchs zu produzieren, während ihre Sklaven auf Nahrungssuche gehen,
den Nachwuchs großziehen und den Staat vor Feinden
schützen. Der Nacktmull kann also in seiner nährstoffarmen Umwelt nur überleben, indem er die Re-
produktion von den sonstigen Arbeiten trennt – so
jedenfalls will es die Theorie.

Allerdings kann man in nährstoffarmen Gebieten
die Arbeit auch weniger diktatorisch aufteilen, als es
der Nacktmull tut. Beim Kaiserpinguin etwa legen die
Weibchen die Eier, um anschließend zwecks Nahrungssuche viele Kilometer zum Meer zu wandern,
während die Männchen zurückbleiben, um das Ei aus-
zubrüten. Später wird dann getauscht und die Männchen watscheln zum Fischefangen an die Küste, während die Weibchen bei den mittlerweile geschlüpften
Küken bleiben.

Zudem hat die eigentümliche Arbeitsaufteilung der Nacktmulle nicht nur Vorteile. Wenn sich nämlich nur eine kleine Elite fortpflanzen darf, geht dies zulasten der genetischen Vielfalt. Deutlicher ausgedrückt: In einer Nacktmullkolonie herrscht Inzucht, sodass praktisch alle Mitglieder miteinander verwandt sind. Achtzig Prozent von ihnen sind genetisch identisch – eine Quote, die bisher bei keinem anderen Tier gefunden wurde!

Für den Erhalt eines Gens ist Inzucht von Vorteil, weil es dabei weniger Gefahr läuft, von einem anderen Gen verdrängt zu werden. Für eine Tierart als Ganzes kann sie jedoch eine große Bürde sein, bedeutet sie doch eine große Unflexibilität, weil die Tiere sich nicht an eine sich verändernde Umwelt anpassen können. Nacktmulle sind daher ausgesprochene Endemiten, man findet sie nur in einem streng begrenzten Gebiet südlich des Golfs von Aden. Nur dort, wo gerade mal zweihundert bis vierhundert Millimeter Regen pro Jahr fallen, können sie überleben.

Zum Glück für den Nacktmull ist das Klima in Ostafrika bis heute halbwegs stabil. Doch sofern es sich ändern sollte, wird sein Inzestdiktaturmodell mit stark eingeschränkter Anpassungsfähigkeit kaum noch Chancen haben. Das wäre eine Tragödie. Mit dem Nacktmull würde einer der echten Underdogs aus der Tierwelt verschwinden.

Ungesellige Kotzbrocken:
Lemminge hätten allen Grund zum Selbstmord

Stark wie ein Bär, heimtückisch wie eine Schlange, störrisch wie ein Esel, listig wie ein Fuchs – immer wieder ziehen wir Tiere für solche Vergleiche heran. Nicht immer werden diese Umschreibungen dem jeweiligen Tier gerecht, doch im menschlichen Sprachgebrauch zählt vor allem, dass man sich versteht, und weniger, ob etwas wahr ist. Das gilt auch für die Formel »wie die Lemminge«. Man hört sie in der Regel immer dann, wenn Menschen völlig irrational zusammen in den Untergang steuern. Wobei die betreffende Aktion nicht gleich zu ihrem Tod führen muss, es reicht auch, wenn panische Aktionäre ihre Wertpapiere verkaufen und dadurch genau den Börsen-Crash herbeiführen, vor dem sie eigentlich weggelaufen sind. Wenn es Menschen nur irgendwie zusammen in den Abgrund zieht, sind die eigentlich so putzigen Nagetiere in aller Munde: »Sie verhalten sich wie die Lemminge«, heißt es dann, und jeder weiß, was gemeint ist.

Schon in frühen Epochen der Menschheit standen Lemminge in dem Ruf, auf ihren Wanderungen auf der Suche nach dem versunkenen Atlantis zu sein. Ihr Image als Massenselbstmörder festigte jedoch erst der Disney-Film *White Wilderness*. Er kam 1958 in die Kinos und der Zuschauer wurde darin Zeuge einer Massenwanderung der Lemminge, die schließlich im kollektiven Absturz über die Klippen endete. Der Haken daran: Diese Szene hat es so niemals gegeben und es wird sie in der Natur wohl auch nie geben. Ein paar geschickte Zusammenschnitte, ein paar passende Sprecher-Kommentare und noch dramatische Musik dazu – und die Lemminge mussten fortan damit leben, dass man sie für Massenselbstmörder hielt.

Das tatsächliche Problem der Lemminge besteht darin, dass sie ihre Fortpflanzungszyklen nicht unter Kontrolle haben. Wie ihre Verwandten, die Mäuse und Ratten, sind sie ausgesprochen fruchtbar. Obwohl sie in Kaltzonen wie Skandinavien, Nordamerika und Sibirien leben, halten sie keinen Winterschlaf, sondern bleiben ganzjährig aktiv, vor allem sexuell. Auf diese Weise kommt ein Weibchen jährlich auf bis zu fünf Würfe mit vier bis fünf Jungen, die nach einigen Wochen ebenfalls geschlechtsreif sind. Auf diese Weise kann die Zahl der Tiere explosionsartig zunehmen. Und plötzlich – das kommt alle drei bis fünf Jahre vor – wuselt es im kalten Norden nur noch so von Lemmingen.

Eine Bevölkerungsexplosion bringt zwangsläufig die Gefahr mit sich, dass nicht mehr genug Nahrung für alle da ist. Vor diesem Problem stehen auch die Lemminge. Sie leben zudem in einer Gegend, in der gerade im Winter nur wenig wächst – und das Wenige besteht auch noch aus Flechten, Moosen und Gräsern, aus denen der Verdauungstrakt der Nager nur wenige Nährstoffe ziehen kann.

Hinzu kommt, dass Lemminge ausgesprochene Stinkstiefel sind. Oder wie es der Oldenburger Zoo-

loge Fritz Frank wissenschaftlich korrekt ausdrückt:
»Ihr intraspezifisches Verhalten wird durch extreme soziale Unduldsamkeit und Aggressivität bestimmt.«
Selbst die Jungtiere werden bereits vierzehn Tage nach ihrer Geburt abgestillt und von der entnervten Mutter fortgescheucht. Jeder einzelne Lemming hat ein Territorium, das er ganz für sich allein beansprucht. Sieht man von der Paarungszeit ab, will er keinen Artgenossen in seiner Nähe haben – was natürlich bei Tieren, deren Zahl regelmäßig zu einem Millionenheer anwächst, in dem sich die Individuen zwangsläufig auf der Pelle sitzen, ein denkbar ungünstiger Charakterzug ist.

Nahrungsmangel und aggressives Einzelgängertum können nun bei der Bevölkerungsexplosion dazu führen, dass die Lemminge ihren aktuellen Standort als unerträglich empfinden und sich auf die Reise machen. Das Ganze sieht dann zwar aus wie eine Massenwanderung, ist es aber nicht. Denn jeder in der Reisegruppe denkt nur für sich und hat vor allem zwei Gedanken im Kopf. Erstens: »Ich bin hungrig und will endlich wieder etwas fressen.« Und zweitens: »Ich will endlich wieder allein sein und keinen von diesen Idioten mehr sehen.« Die Wanderung der Lemminge ist also keineswegs mit einem Vogelzug zu vergleichen, in dem die Mitglieder sich aufeinander abstimmen und Vorteile aus der Gemeinsamkeit ziehen. Die reisenden Nager verhalten sich eher wie Flüchtlinge aus einem Krisengebiet, die sich ihr ohnehin schon schweres Schicksal weiter vergällen, indem sie Krieg untereinander führen.

Fortwährend krakeelend und prügelnd macht sich

die zerstrittene Lemminghorde auf die Suche nach dem Paradies, wo mehr Nahrung und weniger Artgenossen sein sollen. Die wenigsten schaffen es jedoch bis dahin. Immer wieder müssen die Tiere durch reißende Flüsse hindurch, in denen bereits viele von ihnen, auch wenn sie eigentlich gute Schwimmer sind, zu Tode kommen. Die Überlebenden wandern die Fjorde hinab, weiter in Richtung Küste, bis sie schließlich vor dem weiten Ozean stehen. Nach wie vor besessen vom Wandertrieb, stürzen sich die entkräfteten Lemminge ins Wasser. Wenn sie nicht gerade auf einer Insel stranden oder von der Brandung zurückgeworfen werden, ist das ihr sicherer Tod. Ohne ein rettendes Ufer schwimmen sie bis zur Erschöpfung. Am Ende werden sie ein Opfer der Wellen – und der Möwen und Fische.

Die Bevölkerungsexplosion der Lemminge weckt natürlich auch die Aufmerksamkeit ihrer Feinde. Und davon gibt es eine Menge: Falkenraubmöwen, Schnee-Eulen, Polarfüchse und vor allem Hermeline, die auf Lemminge spezialisiert sind und sie auch im Winter jagen. Der Hermelin reagiert äußerst sensibel auf den Fortpflanzungszyklus seiner Lieblingsbeute: Sofern sich nämlich bei den Lemmingen eine Bevölkerungsexplosion zeigt, bringt auch der Hermelin mehr Nachkommen zur Welt – mit einer Verzögerung von einigen Monaten, weil er eine längere Tragzeit hat. Was zur Folge hat, dass die wenigen Lemminge, die die Reisestrapazen überlebt haben, plötzlich von einer riesigen Armee aus Hermelin-Räubern attackiert werden.

Ein einziges Gemetzel, das der ohnehin schon reduzierten Lemmingschar fast den Rest gibt. Nur ein paar versprengte Einzelkämpfer bleiben am Ende übrig von jenem Millionenheer, das sich einige Monate zuvor auf die Reise Richtung Paradies gemacht hat.

Der Lemming überlebt, weil seine Weibchen in ihrem ein bis zwei Jahre kurzen Leben mehr als dreißig Junge gebären können, sodass sich sein Bestand schnell wieder erholen kann. Andererseits ist es aber auch gerade diese Quote, die zur Bevölkerungsexplosion führt und damit die Hauptschuld dafür trägt, dass die Population der Tiere immer wieder dramatische Auf- und Abwärtsbewegungen durchmachen muss. Die Evolution hat dem Lemming also etwas aufgebürdet, was ein großes Problem und gleichzeitig die einzige Lösung für dieses Problem ist. Man kann sich ein einfacheres Leben vorstellen. Aber es steht ja auch nirgends geschrieben, dass die Evolution das Leben ihrer Teilnehmer einfacher machen will.

Dickhäuter unter Stress: Warum Nashörner sich mit Autos anlegen

Ein VW-Bus voller Touristen kreuzt durch den Nationalpark von Etoscha. Man hat noch nicht so viel zu sehen bekommen außer den obligatorischen Antilopenherden und ein paar Erdmännchen, die aus ihren

Bauten hervorlugten. Alles nicht gerade aufregend und bei den Erdmännchen merkt man dem Reiseführer deutlich an, dass er diese Tiere nicht sonderlich mag – vermutlich haben sie mal mit ihren Erdröhren eine von ihm gebaute Hütte zum Einsturz gebracht.

Doch dann passiert doch noch etwas Spektakuläres. Zwei Spitzmaulnashörner, eine Mutter mit ihrem Kalb, überqueren die Straße und verschwinden dann zügig im Busch. Danach erscheint wie aus dem Nichts ein Bulle, fast mannshoch und sicherlich knapp zwei Tonnen schwer. Er steht mitten auf der Straße. Der Fahrer schaltet den Motor aus und lässt das Auto bis auf dreißig Meter an das Tier heranrollen.

Das Nashorn wirft einen langen, skeptischen Blick auf den Wagen – und läuft dann in Richtung Busch davon. Eine Mischung aus Erleichterung und Enttäuschung macht sich unter den Touristen breit. Doch die Ruhe währt nicht lange: Plötzlich macht der Dickhäuter kehrt und galoppiert in Richtung Bus. Ein dumpfes Krachen, danach noch ein Rütteln und Schaben, einem Touristen fällt die Kamera aus dem Fenster auf den Boden, wo sie gnadenlos zertrampelt wird. Schließlich stapft der Bulle mit erhobenem Haupt davon. Man muss kein Tierpsychologe sein, um diese Geste als Ausdruck des Triumphes zu interpretieren.

Später geht der Reiseleiter zusammen mit dem entwaffneten Hobbyfotografen zum Büro von Namibia Wildlife Services, der Wildhüterzentrale des Etoscha-Parks. Sie fragen, wer für den Schaden der Rhino-Karambolage aufkommt. Was freilich erst einmal für

Belustigung sorgt, denn Nashörner haben normalerweise keine Haftpflichtversicherung. Auch den Verdacht des Reiseführers, dass es sich bei dem Bullen um einen Wiederholungstäter handle, kann Shayne Kötting, der oberste Naturschutzbeamte in Etoscha, nicht bestätigen. »In der Vergangenheit hat es zwar immer wieder vereinzelte Angriffe von schwarzen Nashörnern auf Autos gegeben«, erklärt er, »aber keinesfalls regelmäßig oder von einem bestimmten Tier.« Seine Vermutung: Der Bulle hat sich für die Kuh interessiert. Die könnte nämlich, trotz des Kalbs, durchaus läufig gewesen sein. Als dann der Bus aufgetaucht ist, habe der Bulle ihn für einen Konkurrenten gehalten und angegriffen. Eine Theorie, die zu akzeptieren dem Touristen sichtlich schwerfällt. Er fragt sich, wie man einen VW-Bus mit einem Nashorn verwechseln kann. Doch in Namibia wundert das keinen mehr. Nashörner gelten dort als dringende Fälle für den Optiker, sie sind so etwas wie die afrikanischen Pendants zu unserem Maulwurf: »blind wie ein Rhino« eben.

Bleibt die Frage, warum die Evolution praktisch alle Huftiere in Afrika mit halbwegs funktionierendem Sehvermögen ausgestattet hat, nur die Nashörner nicht. Denn auch wenn sie dafür zum Ausgleich sehr gut riechen und hören können – es kann in der weitläufigen Steppe nicht schaden, wenn man auch sieht, wo man hinrennt.

Wissenschaftler fanden heraus, dass die Augen der Rhinos eigentlich gar nicht so schlecht sind, dass die Nashörner selbst aber eine sehr langsame kognitive

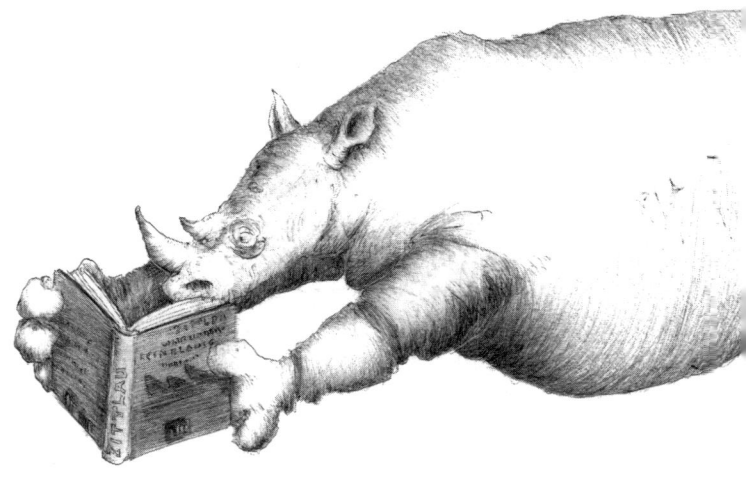

Wahrnehmung haben. Bis sie einen Gegenstand, den sie optisch sehen, auch wirklich erkennen, vergeht einige Zeit. Woran dies liegt, ist bisher ungeklärt, aber es hat vermutlich weniger mit den Augen selbst als mit der Bildentstehung im Gehirn und der extrem seitlichen Stellung der Augen zu tun.

Klar dagegen ist, dass man die Tiere leicht beunruhigen und erschrecken kann. Sie geraten schnell in Stress, weil sie zwar potenzielle Feinde frühzeitig mit ihrem Geruchssinn wahrnehmen, aber visuell nicht »nachfassen« können, um sich optische Gewissheit über die Gefährlichkeit des Gerochenen zu verschaffen. Hunde beispielsweise können das. Wenn sie etwas Unbekanntes riechen oder hören, schauen sie angestrengt dorthin, wo sie den fremden Gegenstand vermuten. Wenn der dann optisch als ungefährlich klassifiziert wurde, entspannen sie sich – und dösen weiter vor sich hin. Nashörnern steht diese optische Beruhigungspille nur in weitaus schwächerem Format zur Verfügung.

Bleibt festzuhalten, dass die Nashörner bisher in der Evolution trotz ihrer Wahrnehmungsschwäche ganz gut zurechtgekommen sind. Die Weibchen werden zwar erst mit vier bis acht Jahren geschlechtsreif, doch bei einer Lebenserwartung von bis zu fünfzig Jahren bleibt immer noch genug Zeit, um für reichlich Nachwuchs zu sorgen. Und aufgrund ihrer Größe haben speziell die afrikanischen Exemplare kaum natürliche Feinde zu fürchten. Lediglich sexuell frustrierte Elefantenbullen haben es gelegentlich auf die ebenfalls dickhäutigen Hornträger abgesehen, um sie zu besteigen. Aber die üblichen Verdächtigen wie etwa Löwen, Leoparden und Hyänen machen lieber einen Bogen um sie.

Ihr einziger, gleichzeitig aber auch gnadenlosester Feind ist der Mensch, der sie wegen ihrer Hörner jagt – und dies mit verheerenden Folgen: Vom Java- und vom Sumatra-Nashorn leben noch ein paar Hundert, vom indischen Panzernashorn knapp dreitausend Exemplare. Das reicht kaum, um das Überleben dieser Art zu sichern. Die beiden afrikanischen Arten sind diesem Schicksal nur durch radikale Schutzmaßnahmen entgangen.

Schlaflos in der Serengeti:
Das anstrengende Leben der Giraffe

»Serafe«, die Liebliche – so nennt man in Arabien die Giraffe. Und wenn man sich ihr Gesicht anschaut, kann man das gut verstehen. Der schlanke Kopf, die zierlichen Höcker und vor allem die großen Augen mit ihren langen Wimpern wirken schon anmutiger als etwa der klobige Schädel eines Flusspferds. Doch betrachtet man die Giraffe als Ganzes, fallen einem auch noch andere Attribute ein. Wie etwa: erstaunlich. Nicht umsonst wurde sie von den Römern »Camelopardalis« genannt, weil man in ihr eine Mischung aus Kamel und Leopard vermutete.

Zunächst aber ist klar, worum es ging, als die Giraffe mit einem über fünf Meter hohen Körper ausgestattet wurde, mit staksigen Beinen und einem über zwei Meter langen Hals. Denn die Giraffenaugen können von ihrem Leuchtturmstandort aus alles gut überblicken, mögliche Feinde werden schon von Weitem erkannt.

Noch wichtiger ist aber die Futternische, die der Langhals durch seinen Körperbau ergatterte. Während nämlich die anderen Steppenhuftiere überwiegend das erdnahe Pflanzenangebot zermalmen und dabei in gnadenloser Konkurrenz zueinander stehen, bedient sich die Giraffe seelenruhig aus den Wipfeln der Bäume. Wobei ihr vor allem die Akazien schmecken: Die Giraffe ergreift die Zweige mit der Zunge, führt sie in das Maul und weidet durch Zurückziehen des Kopfes die Blätter ab. Eigentlich keine angenehme Sache, weil die Akazie sich zum Schutz vor Fressfeinden spitze Dornen zugelegt hat. Doch den langzüngigen Paarhufer stört das nur wenig. Er bleibt beim »Abschlürfen« der Akazienzweige in der Regel verletzungsfrei.

Nichtsdestoweniger muss die Giraffe für die ungestörte Nahrungsaufnahme und ihren dementsprechend spezialisierten Körper einen hohen Preis bezahlen. So muss sie aufgrund der extrem staksigen Beine, die vorne zudem noch deutlich länger sind als hinten, fast ihr ganzes Leben im Stehen verbringen. Würde sie sich hinlegen, wäre sie den Attacken von Raubtieren hilflos ausgeliefert; das Aufstehen würde viel zu lange dauern, um die Angreifer durch Huftritte wirksam abwehren zu können. Weswegen es beispielsweise Löwen auch gezielt darauf anlegen, eine flüchtende Giraffe ins Straucheln zu bringen. Ihre Chancen stehen gut, denn im Rennen ist ihre potenzielle Beute keineswegs souverän. »Galoppierende Giraffen gewähren einen Anblick, der unwillkürlich die Lachmuskeln reizt«, erklärte Ende der 1960er Jahre der Zoologe Hans-Wilhelm Smolik in seinem Tierlexikon. »Um beide Vorderläufe zugleich vom Boden heben zu können, müssen sie das Schwergewicht des massigen Vorderkörpers verlagern und den Hals weit zurückbiegen. Der Hals schwankt also wie der Mast eines in hoher See stampfenden Schiffes bei jedem Sprung vor und zurück.«

Ein weiteres Problem der Giraffen, was die Flucht angeht: Sie können nicht traben, müssen also aus dem Stand oder gemütlichen Spaziergang direkt in den Sprint hochschalten. Kfz-Mechaniker warnen Autofahrer in der Regel vor solchen Gangschaltungseskapaden, weil sie sehr viel Energie kosten und das Getriebe ruinieren. Bei der Giraffe trifft zumindest das Erste zu, die Zahl ihrer möglichen Sprints auf der Flucht ist also angesichts des hohen Energieverbrauchs stark begrenzt.

Der extreme Höhenwuchs bringt der Giraffe auch beim Trinken massive Probleme. Sie muss dabei ihre Beine kunstvoll auseinanderspreizen und den Hals behutsam nach vorne beugen. An eine schnelle Flucht ist in dieser Position nicht zu denken. Von Löwen und Krokodilen wird diese Situation daher gerne zur Attacke genutzt. Den Krokodilen gelingt es zwar meistens nicht, die Giraffe als Ganzes ins Wasser zu ziehen, wie sie das sonst machen. Doch nicht wenige der Langhälse bezahlen ihren Durst mit einer tödlichen Verletzung am Kopf, weil sich dort ein Krokodil verbissen hat. Glücklicherweise passiert es jedoch recht selten, dass Giraffen durstig sind. Sie sind in dieser Hinsicht ähnlich robust wie Kamele.

Über Appetitlosigkeit können sie hingegen nicht klagen. Ihr Höhenwuchs brachte nämlich der Giraffe einen enormen Zuwachs an Masse: Ein erwachsener Bulle wiegt bis zu neunhundert Kilogramm. Um satt zu werden, muss er etwa dreißig Kilogramm Blätter pro Tag fressen. Das dauert sechzehn bis zwanzig Stunden. Die Giraffe muss die passenden Bäume in der Savanne erst einmal suchen und finden und bei dem Blattabschlürf-Trick handelt es sich um eine ausgefeilte, nicht aber um eine zeitsparende Methode der Nahrungsaufnahme. Wer sein Grünzeug umständlich vom Ast saugt, braucht eben etwas länger, um satt zu werden.

Was natürlich die Frage aufwirft, wo die Giraffe in ihrem Terminkalender noch andere wichtige Dinge unterbringen will, wie etwa das Schlafen. Die Antwort: Sie reduziert den Schlaf auf ein Minimum. Eine erwachsene Giraffe schläft zwischen zehn Minuten und zwei Stunden pro Tag und das meistens auch noch im Stehen! Für eine körperliche und psychische Regeneration reicht das kaum aus. Dabei könnte gerade das Giraffenherz eine Entlastung brauchen, weil es in jeder wachen Minute sechzig Liter Blut durch den massigen Körper bis weit hinauf ins Gehirn pumpen muss. Es ist daher nicht weiter verwunderlich, dass die Tiere in freier Wildbahn kaum älter als fünfundzwanzig Jahre werden, was für einen Säuger dieser Größe ungewöhnlich kurz ist.

Vor dem Hintergrund dieser Lebensspanne, die zudem noch zu zwei Dritteln mit Nahrungsaufnahme ausgefüllt ist, ahnt man bereits, dass einer weiblichen Giraffe nicht viel Zeit bleibt, um Nachwuchs in die Welt zu setzen. Hinzu kommt, dass sie erst mit vier Jahren geschlechtsreif wird, für das Austragen eines einzigen Babys bis zu fünfzehn Monate braucht und dann noch anderthalb Jahre für dessen Aufzucht investiert. Summa summarum kommt sie daher nicht auf mehr als vier bis fünf Kälber in ihrem Leben. Und deren Leben beginnt im freien Fall.

Denn die Giraffenmutter gebärt im Stehen, weil Liegen, wie erwähnt, zu gefährlich ist. Die Konsequenz dieser Stand-up-Geburt: Das Baby stürzt aus zwei Metern Höhe auf den trockenen und spärlich begrasten Steppenboden. Dies kann durchaus zu Verletzungen führen.

In jedem Falle liegt das Neugeborene danach erst einmal hilflos auf dem Boden, und selbst wenn es nach ein paar Stunden auf wackligen Beinen steht, bleibt es ein interessantes Beutetier für Löwen, Hyänen, Wildhunde und andere Räuber. Auch Bakterien, Viren und Pilze haben zunächst leichtes Spiel, weil es etwa drei Monate dauert, bis sich das Immunsystem der jungen Giraffe aufgebaut hat.

Dementsprechend groß ist der Schwund unter den Junggiraffen: Gerade fünfundzwanzig Prozent von ihnen erreichen das Erwachsenenalter. Rechnet man noch die ohnehin geringe Nachwuchsproduktion hinein, ist dies zu knapp kalkuliert, um eine Tierart sicher im evolutionären Geschäft zu halten.

Dem Langhalsmodell droht daher schon seit einigen Jahrtausenden das Aus. Bis zur Eiszeit lebten vermutlich sechzehn giraffenartige Gattungen fast überall auf der Welt, heute sind es nur noch zwei an der Zahl: die eigentliche Giraffe aus den Steppen Afrikas und das Okapi aus den tropischen Regenwäldern des Kongo.

Der aktuelle Giraffenbestand liegt zwar bei etwa 110 000 Exemplaren, doch Ende 2007 warnten Biologen aus Kenia und den USA, dass einige Arten und Unterarten akut vom Aussterben bedroht seien. So liegt der Bestand der Netzgiraffen nur noch bei dreitausend Tieren und von der westafrikanischen und der nigerianischen Giraffe leben nur noch rund hundert bzw. hundertsechzig Exemplare – wobei natürlich die Menschen mit ihren Bürgerkriegen und Wildereien dazu beigetragen haben. Doch die Giraffe ist eben weniger als die meisten anderen Tiere imstande, diese Bedrohungen durch eine entsprechend hohe Fortpflanzungsquote zu kompensieren.

Ein Leben für die Unauffälligkeit: Wer kennt schon einen Ducker?

In der Antike genoss die Antilope noch einen fabelhaften Ruf und das im wahrsten Sinne des Wortes. Ihr Name stand für ein Fabelwesen, das so flink war, dass kaum ein Jäger es stellen konnte, und wenn es ihm gelang, dann bekam er es mit Hörnern zu tun, die sogar einen Baum absägen konnten. Weswegen es der Legende nach für den Jäger eigentlich nur einen Weg gab, die Antilope zu erlegen: nämlich darauf zu warten, dass sie sich mit ihrem großen Geweih rettungslos im Gestrüpp verfing. Was bereits einen Hinweis

auf das Wesen der Antilopen gibt: Sie sind schön, gra-
zil, schnell und können mitunter wehrhaft sein – doch
ihre Macken haben sie auch.

Wie etwa die Gnus, über die der deutsche Zoologe
Hans-Wilhelm Smolik sagte:»Diese wunderlichsten
und eigenartigsten aller Antilopen scheinen einer spie-
lerischen Schöpferlaune entsprungen zu sein. Der
breite und behaarte Rinderkopf, der kräftige und lang
beschweifte Pferdeleib sowie die gazellenschlanken
Beine entsprechen ganz dem sprunghaften und unbe-
rechenbaren Wesen der Tiere.« Und in der Tat: Gnus
können immer wieder überraschen. Eben noch friedlich und gelassen vor sich hin grasend, bäumen sie sich
plötzlich auf, um vorne und hinten auszuschlagen und
den Kopf wild hin und her zu schütteln. Die Zebras
und Springböcke um sie herum können sich meistens
nur wundern, denn die Gnus machen ihre Kapriolen
oft ohne jeden Anlass, also auch dann, wenn kein
Feind in der Nähe ist und keine Konkurrenzkämpfe
zwischen den Männchen anstehen.

Andererseits sind die Bewohner der afrikanischen
Savannen von den Gnus ohnehin vieles gewohnt.
Denn die bleiben zeit ihres Lebens verspielte und neu-
gierige Kindsköpfe mit einer ausgeprägten Lust am ar-
tenübergreifenden Necken. Egal ob Zebra, Spring-
bock, Büffel oder Strauß, jeder von ihnen muss damit
rechnen, von einem Gnu zum Spiel oder Wettlauf auf-
gefordert oder sogar in den Schwanz gezwickt zu werden. Die Antilopen mit ihrem Rinds- und Kindskopf
testen eben gerne aus, wie weit sie mit bestimmten Ver-

haltensweisen kommen. Was einerseits im Überlebenskampf durchaus nützlich ist, weil es flexibel hält. Doch andererseits kann es auch ins Gegenteil umschlagen und den Arterhalt gefährden, dann nämlich, wenn die Neugierde zu Überraschungsaktionen mit unkalkulierbarem Risiko führt.

So ziehen Jahr für Jahr etwa eine Million Gnus von der tansanischen Serengeti-Ebene, wo die Kälber geboren werden, nach Norden zu den satten Weidegründen in Kenia. Dabei müssen die Tiere den Mara durchqueren – einen Fluss, der nicht nur zahlreiche Krokodile beherbergt, sondern auch gänzlich unberechenbar ist. Als die Gnus im Sommer 2007 durch den Mara wollten, war seine Strömung so schnell und reißend wie bei einer Sturmflut. Außerdem waren seine Ufer dort, wo die Gnus ihn überqueren wollten, so steil und hoch, dass die Tiere – einmal in den Fluss gesprungen – nicht mehr herauskamen. Mit der Folge, dass Zigtausend von ihnen entweder von den Krokodilen gefressen oder aber von den Fluten mitgerissen wurden.

Die Gnus hätten auch auf einen Zeitpunkt mit schwächerer Strömung warten oder einen anderen Ort zum Überqueren suchen können, aber sie taten es nicht. »Es gab keinen offensichtlichen Grund, der die Gruppe dazu gezwungen hätte, diese fatale Route zu wählen«, erklärt Terilyn Lemaire von der Naturschutzorganisation Mara Conservancy. »Sie haben es einfach getan.« Sind also die Gnus einfach nur dumm gewesen, als sie in die tödlichen Fluten sprangen? Wohl kaum, denn allein ihr Spieltrieb lässt auf eine ziemlich ausgeprägte Intelligenz schließen. Wahrscheinlicher ist, dass eine Mischung aus Neugierde (mal schauen, was passiert), Selbstüberschätzung (mir wird schon nichts passieren) und Herdeninstinkt (die anderen machen es ja auch) zur Katastrophe führte. Doch egal, was letzten Endes den Anstoß für das Mara-Desaster gab: Es gehört zu den Pleiten und Pannen der Natur, die im Interesse des Arterhalts lieber nicht zu oft geschehen sollten.

Der Ducker weiß das, ihm würde daher so etwas wie den Gnus niemals passieren. Denn ihm ist jedes Risiko zuwider. Im Reich der Antilopen ist er sozusagen der Gegenentwurf zum Gnu, weswegen auch kaum ein Mensch von ihm weiß. In freier Wildbahn sieht man ihn so gut wie nie, weil er nachtaktiv durch Wälder und Büsche streift, und am Tage entdeckt man allenfalls seine kleinen Kothaufen. Niemals würde ein Ducker sich auf dem Präsentierteller einer offenen Savanne zeigen, wie es die übrigen Antilopen tun. Stattdessen schleicht er lautlos von einem Versteck zum nächsten, mit tief gesenktem Kopf und gekrümmtem Rücken, als würde er einen Geheimagenten parodieren wollen. Bloß nicht auffallen ist seine Devise – der Name »Ducker« ist ihm auf den Leib geschneidert.

Nun ist Unauffälligkeit durchaus ein Merkmal, mit dem man in der Evolution erfolgreich sein kann. Man nehme nur die Ratten, von denen vermutlich ebenso viele Exemplare existieren wie vom Menschen, ohne dass der viel von ihnen mitbekommen würde. Doch das Problem des Duckers ist: Er lebt einzelgängerisch oder allenfalls in einer monogamen Beziehung. Er verzichtet also, im Unterschied zu anderen Antilopen, auf den Schutz der Gruppe. Was für jemanden, der so ängstlich und zurückhaltend ist wie er, eine echte Schwächung im Überlebenskampf bedeutet.

So hat sich im Dschungel bereits herumgesprochen, dass der Ducker eine leichte Beute ist. Besonders hart hat es in dieser Hinsicht den westafrikanischen Maxwell-Ducker getroffen. Er hat nicht nur Leoparden und Pythons zum Feind, sondern auch den Einsiedler-Adler. Der kommt zwar nicht annähernd an die Gewichtsklasse der Antilope heran, die erwachsen bis zu zehn Kilogramm wiegt und auch als Jungtier schon deutlich schwerer ist als der Vogel. Doch der Eremit unter den Adlern lässt sich davon nicht beeindrucken: Warum soll man viel Energie mit der Jagd auf irgendwelche kalorienarmen Nagetiere oder Singvögel ver-

schwenden, wenn man für weitaus weniger Mühe einen schmackhaften Wildbraten haben kann?

Ein weiteres Problem der Maxwell-Ducker: Auch ihr Immunsystem übt sich in Zurückhaltung. Sie müssen sich dadurch mit zahllosen Würmern und Einzellern sowie mit acht unterschiedlichen Zeckenarten herumschlagen. Klar, dass dies zulasten von Gesundheit und Lebenserwartung geht. Nur wenige Ducker werden in freier Wildbahn älter als fünf Jahre und diese frühe Sterblichkeit wird keineswegs durch eine hohe Fortpflanzungsquote ausgeglichen, wie es sonst bei Tieren mit kurzer Lebensdauer der Fall ist. Maxwell-Ducker erreichen erst mit drei Jahren die Geschlechtsreife und das Weibchen bringt nur ein einziges Jungtier pro Jahr zur Welt. Summa summarum kann ein Duckerpärchen also nicht mehr als zwei bis vier Nachkommen in seinem Leben produzieren. Man kann sich ausrechnen, dass dies für den Erhalt der Art ziemlich knapp kalkuliert ist.

Das Hirschparadox:
Papa stark – Tochter schwächelt

»Ganz der Papa« – was im Babyalter noch schmeichelhaft klingen mag, wird für eine Tochter immer mehr zur Bürde, je älter sie wird. Wer will schon eine Frau mit breiten Schultern, energischem Kinn, tiefer

Stimme und möglicherweise sogar noch einem flauschigen Bart? Niemand – ihre Chancen auf dem Partnermarkt sinken gegen null, weil die gleichen Merkmale, die aus dem Vater einen richtigen Kerl machten, die Tochter zum hässlichen Entlein degradieren. Die beiden hoffen daher auf die Gnade der Natur und dass sie per genetischer Steuerung für ein Mädchen mit schmalen Schultern, hoher Stimme und breiten Hüften sorgt.

Bei den Tieren geht man davon aus, dass starke Väter ihre Stärke gleichermaßen an Söhne und Töchter weitergeben möchten – ein schmaler Körperbau und Zierlichkeit sind eben im Tierreich auch für Weibchen nicht gerade vorteilhaft im Überlebenskampf. Doch weit gefehlt: Bei den Hirschen scheint die Evolution sich selbst zu überlisten.

Ein Forscherteam um Kathi Foerster von der University of Edinburgh erforschte an knapp 3600 schottischen Rothirschen die Zusammenhänge zwischen dem Erfolg der Eltern und dem ihrer Nachkommen, wobei Evolutionsbiologen unter Erfolg in der Regel die Überlebens- und Fortpflanzungsquoten verstehen. Im Ergebnis zeigte sich: Die erfolgreichen Platzhirsche zeugten zwar starke Söhne, aber nur zierliche und schwache Töchter. Die starken Hirsche setzen also nur auf männliche, nicht aber auf die weiblichen Nachkommen, um ihre Gene weiterzugeben. Was ganz und gar nicht dem Gesetz von Evolution und Auslese entspricht, wonach die besten Individuen einer Art eigentlich die meisten Nachkommen haben sollten.

Das wiederum hängt nicht unwesentlich von der Robustheit der Weibchen ab. So manche Hirschtochter hätte daher sicherlich gern ein bisschen mehr von ihrem starken Papa geerbt.

Kathi Foersters Erklärung für das Hirsch-Paradox lautet:»Gute Gene, die die Überlebensfähigkeit eines Männchens steigern, sind eben nicht immer gute Gene für Weibchen. Wir nennen das sexuell antagonistische Selektion.« Man kann es aber auch anders ausdrücken: Die Natur schafft es nicht, unter einen Hut zu bringen, was Männer und Frauen gleichermaßen fit macht für den Kampf ums Überleben.

Doch bleiben wir weiter bei den Hirschen. Sie offenbaren nämlich noch weitere Kuriositäten. Beispielsweise wird der größte aller Hirsche, der Elche, beim Wachstum seines beeindruckenden Geweihs derart vom Juckreiz gequält, dass er sich zum Kratzen akrobatisch verrenken muss. Außerdem frisst er im Herbst regelmäßig gigantische Mengen an Äpfeln, die im Magen vergären und ihn zum besoffenen Randalierer werden lassen. Vielleicht sucht er in seiner kargen nordischen Heimat ja nach Ablenkung im Anders-Sein. In den Tundren von Asien, Amerika und Grönland lebt indes noch ein Hirsch, der so gar nicht sein will wie die anderen: das Rentier.

Allein der Blick auf die Geweihe der »Rener«, wie sie in der Fachsprache im Plural genannt werden, lohnt sich. Sie sind in hohem Maße verzweigt, asymmetrisch, unregelmäßig – und kein Geweih gibt es in seiner Form zweimal, als ob die Tiere dieses als wesentlichen Ausdruck ihrer Individualität empfinden würden. Noch erstaunlicher ist aber die Tatsache, dass auch die Weibchen ein Geweih tragen. Bei keinem anderen Hirsch ist das so und warum es beim Ren so ist, weiß niemand. Die ursprüngliche Vermutung lautete: Das Rengeweih, dessen tiefste Sprosse zu allem Überfluss noch mit einer kleinen Schaufel ausgestattet ist, hätte die Funktion eines Schneeräumers, um das Gras und damit das Hauptfutter der Tiere freizulegen. Davon würden natürlich beide Geschlechter profitieren. Tatsache ist jedoch, dass die Rentiere beim Schneeräumen mit den Hufen arbeiten. Es ist also nach wie vor offen, warum ihre Weibchen ein Geweih haben. Bei der Partnerwahl der Männchen spielt es auch keine Rolle: Hier zählt Masse statt Klasse. Der Platzhirsch schart einen Harem um sich und ist nur darauf aus, möglichst viele Weibchen zu besteigen. Was das Objekt seiner Begierde dabei für einen Kopfschmuck trägt, ist ihm egal.

Das Männchen verliert sein Geweih im Herbst, das Weibchen im Frühjahr. Manchmal fällt es zunächst nur auf einer Seite herunter, so dass die Tiere vorübergehend mit einer einsamen Stange auf dem Kopf herumlaufen – ein Anblick, mit dem das Ren seinen Anspruch auf einen Platz im Kuriositätenkabinett noch untermauert.

Um dem arktischen Winter zu entfliehen, unternehmen die Rentierherden ausgedehnte Wanderungen von bis zu fünftausend Kilometern Länge. Unter den Landsäugetieren ist das einsamer Streckenrekord. Solche Leistungen erfordern nicht nur eine außergewöhnliche Zähigkeit, sondern auch eine regelrechte Sportlernahrung. Doch gerade die findet man in der kargen Tundra selten. Das Ren ernährt sich überwiegend von Gras sowie von Flechten, Moosen und Pilzen. Eine Kost, die nicht nur wenige hochwertige Eiweiße, sondern auch wenige Mineralien enthält. Der Dauerläufer unter den Hirschen lässt sich daher vom Menschen gerne mit einem speziellen Fitness-Drink versorgen.

So warnen Rentierzüchter aus Schweden und Finnland ihre Besucher davor, im Winter einfach ins Freie zu pinkeln. Denn dabei könnten sich ungebetene Gäste einstellen. Der Grund: In ihrer vermutlich schon mehr als dreitausend Jahre währenden Partnerschaft mit dem Menschen haben die Rener erkannt, dass der menschliche Harn genau die Salze enthält, die sie im Winter so vermissen. Weswegen sie sofort reagieren, wenn in ihrer Umgebung jemand ins Freie uriniert. Sie lecken dann an dem gelben Schnee wie an einem Speiseeis. Sie sind so versessen darauf, dass sie auch mal ein Zelt oder einen Schlitten zertrampeln, wenn sie dort hinlaufen. Die mongolischen Nomaden lassen deshalb ihre Söhne in die Wälder pinkeln, mit gebührendem Abstand zum Lager. Die fortschrittlichste Methode besteht aber sicherlich darin, ein paar Salzlecksteine hinzustellen.

Was aber nicht die Frage beantwortet, wie die Rentiere ihren Mineralienbedarf decken würden, wenn sie nicht den Menschen kennengelernt hätten. Einem pinkelnden Bären auflauern? Für einen aus schmackhaftem Fleisch bestehenden Hirsch ist das nicht wirklich eine Alternative. Wir müssen also festhalten, dass sich das Rentier in Bezug auf seine Mineralienversorgung in eine bedenkliche Abhängigkeit vom Menschen begeben hat. Bedenklich deswegen, weil es sich auf einen Partner verlässt, der in seiner Sympathie für bestimmte Tiere sehr wankelmütig sein kann.

Überhaupt ist die Nahrungsbeschaffung, nicht nur was die Salzversorgung angeht, ein Kardinalproblem der Rentiere: Ihr bis zu dreihundert Kilogramm schwerer Körper will in der Tundra erst einmal versorgt sein. Bei den Weibchen kommt hinzu, dass sie schwanger in den Winter gehen. Um nicht zu verhungern, brauchen sie Fettreserven. Andererseits sollten sie beweglich genug bleiben, um ihren im späten Frühjahr zur Welt kommenden Nachwuchs gegen Feinde verteidigen zu können. Den Renweibchen gelingt es, ihr Idealgewicht zu finden und die Balance zwischen Winterspeck und Beweglichkeit zu halten. Sie schaffen das sogar unabhängig vom Nahrungsangebot, wie der norwegische Biologe Per Fauchald herausgefunden hat. Der Wissenschaftler ließ dreißig Weibchen im Winter fressen, was sie wollten – um am Ende festzustellen, dass sie kein Kilogramm mehr wogen als die Tiere einer Vergleichsgruppe, die man auf kalorienarme Kost gesetzt hatte.

Weibliche Rentiere verfügen also über ein Fress- und Stoffwechselprogramm, das sie genau auf ihr Wunschgewicht bringt. Wenn im Frühjahr ihr Nachwuchs zur Welt kommt, haben sie kein Kilo zu viel und keines zu wenig. Die moderne Menschenfrau der Wohlstandsgesellschaft kann davon nur träumen.

Zu groß: Warum Beeren den Bären nicht wirklich weiterbringen

Ist der Bär ein seelenverwandter Kumpel des Menschen? Oder ist er ein gnadenloser Killer? Schwer zu sagen. Timothy Treadwell und Werner Herzog sind sich darüber jedenfalls nicht einig geworden. Der eine, Timothy Treadwell, lebte in Alaska dreizehn Jahre lang mit Grizzlybären zusammen und wurde am Ende von ihnen getötet. Der andere, Werner Herzog, hat einen Film über Treadwell gemacht und dabei dessen Videoaufnahmen benutzt. Am Ende dieser Sequenzen sieht man einen Bären, wie er einige Sekunden lang in die Kamera schaut. Ein großer Kopf und zwei leere, dunkle Augen. Es sind Treadwells letzte Bilder, aber es ist Herzog, der sie kommentiert: »In allen Gesichtern von allen Bären, die er jemals gefilmt hat, erkenne ich keine Seelenverwandtschaft, kein Verständnis, keine Gnade, nur die überwältigende Gleichgültigkeit der Natur.« Wahrlich keine netten Worte – Treadwell hätten sie nicht gefallen, denn er liebte die Bären.

Letzten Endes darf sich aber ein Tier tatsächlich keine Gnade erlauben. Nicht, weil es in der Natur so unbarmherzig und brutal zugeht, sondern weil Gnade aus Sicht der Evolution reine Energieverschwendung ist: Wenn ein Bär einem anderen Tier in einer mehr oder weniger anstrengenden Jagdaktion nachstellt und es am Ende erwischt, wäre es fahrlässig, seine Beute gnädig wieder laufen zu lassen. Erst viel Energie für die Jagd zu investieren, um diese dann nicht durch das Fressen der Beute wieder reinzuholen – das ist ein Lapsus, den sich ein Raubtier nicht erlauben sollte. Dies gilt erst recht für Großbären wie Grizzly, Kodiak oder Eisbär. Sie wiegen bis zu achthundert Kilogramm und sind damit hart an der Grenze dessen, was zu stemmen ist.

Denn ein Landraubtier verbraucht laut Berechnungen englischer Biologen schon ab einem Gewicht von zwanzig Kilogramm relativ zu seiner Körpergröße doppelt so viel Energie wie Marder, Füchse oder andere Kleinraubtiere. Dieser Aufwand begrenzt das maximale Gewicht, das eine Raubtierart erreichen kann, auf ungefähr eine Tonne. Die heutigen Großbären liegen knapp darunter, frühere Arten wie etwa der Höhlenbär lagen knapp darüber, was vermutlich eine der Ursachen für ihr Aussterben war. Doch auch die aktuellen Exemplare sind bedroht, schon kleinere Nahrungsengpässe gefährden ihren Bestand. Dass viele Bärenarten pflanzliche Kost in ihren Speiseplan eingebaut haben, ändert daran nichts: Wenn ein Grizzly eine Beere nach der anderen von einem Strauch zupft, deckt das gerade den Kalorienbedarf, den er beim Pflücken hat.

Ihre chronisch klamme Energiesituation schlägt sich auch auf die Tagesaktivitäten der großen Bären nieder: Sie sparen Kraft, wo sie können. Der Eisbär als das größte Landraubtier überhaupt verbringt zwei Drittel seines Daseins mit Schlafen oder Dösen, gerade einmal fünf Prozent seiner Lebenszeit verwendet er auf Jagen und Fressen, den Rest verbringt er mit gemächlichem Wandern und Schwimmen. Der Braunbär zeigt zwar mehr Aktivität, doch dafür geht er für vier bis sechs Monate in Winterruhe. Die Weibchen verlieren in dieser Zeit bis zu vierzig Prozent Gewicht, die sie sich im Frühjahr möglichst schnell wieder anfressen wollen. Als potenzielles Beutetier sollte der Mensch ihnen in dieser Zeit nicht zu nahe kommen.

In Relation zu ihren sonstigen Bewegungen wirkt es nahezu ekstatisch, wenn Grizzly- und Braunbären ihr Hinterteil an Bäumen scheuern. Bislang lautete die gängige Begründung, dass sie sich dadurch von lästigen Parasiten befreien wollen. Tatsache ist jedoch, dass die Tiere auch dann dem Baum zu Leibe rücken, wenn sie praktisch frei von Schädlingen sind. Außerdem tun es nur die Männchen. Der englische Biologe Owen Nevin vermutet daher, dass die männlichen Bären beim Scheuern ihre Duftmarken hinterlassen, um ihren Art- und Geschlechtsgenossen mitzuteilen, dass sie hier ihr Revier haben. Diese Markierung hätte, so Owen weiter, »den Sinn der Deeskalation, da Bären ihnen bekannte Männchen weniger häufig und weniger heftig angreifen als fremde«. Ob das jedoch wirklich dahintersteckt, ist fraglich. Bei Mardern jedenfalls klappt die Deeskalation per Duftmarke überhaupt nicht: Sie attackieren bekanntlich sogar Autokabel, wenn es unter der Kühlerhaube auch nur ansatzweise nach einem Konkurrenten riecht. Und bei den Grizzlys scheint es auch nicht so recht zu funktionieren. Denn trotz Scheuermarken werden viele erwachsene

Männchen sogar zum Kindsmörder: Sie töten den Nachwuchs des Weibchens, um sich mit ihm in Ruhe paaren zu können. Ein umgekehrter Ödipus sozusagen – und genauso wie beim richtigen Ödipus trägt dieses Verhalten nicht wirklich zum Arterhalt bei.

Große Hoden statt komplizierter Hirne: Die Sexuallogik der Fledermaus

Im Fledermaushaus im Wildpark »Schwarze Berge« bei Hamburg geht es wuselig zu. Die Tiere wissen, dass sie mit leckeren Obst- und Gemüsestücken rechnen dürfen, wenn Besucher da sind, und präsentieren sich deshalb in bester Form. Bei näherer Betrachtung des flatterigen Geschehens bemerkt man freilich schon bald, dass es dort nicht so perfekt zugeht, wie gemeinhin behauptet wird. Denn trotz Raumorientierung per ausgefeiltem Echolotsystem: Die Tiere bauen untereinander immer wieder Crashs. Doch vielleicht sind sie ja aufgeregt und unter Stress machen bekanntlich auch erfahrene Piloten Fehler.

Andererseits sollte man das Echolotsystem der Fledermäuse – mit Ultraschall piepen und hören, wie er zurückkommt – nicht überschätzen. Auch diese Orientierungsmethode hat ihre Grenzen, vor allem dann, wenn es nicht um die Futtersuche, sondern um einen Platz zum Übernachten geht. So ist beispielsweise der

Abendsegler, eine unserer großen einheimischen Fledermausarten, äußerst wählerisch in seiner Quartiersuche. Er mag es gerne trocken und warm, außerdem sollte seine Wohnung etwa zwanzig Meter über dem Boden liegen und über eine freie Einflugschneise verfügen. Andererseits sollte der Eingang klein sein und der Boden genügend Sicherheitsabstand zum Höhlendach haben, um es einem Marder schwerer zu machen, sich eine schlafende Fledermaus von der Decke zu pflücken. Um es kurz zu machen: Ein Immobilienmakler würde den Abendsegler wohl ohne Umschweife als »schwer vermittelbar« bezeichnen.

Aber das Flattertier muss ja ohnehin allein auf Wohnungssuche gehen. Das allerdings ist schwierig. Denn der Abendsegler ist zwar schnell, aber beim Fliegen nicht gerade ein Manövrierkünstler. Er kann nicht im langsamen Schwingflug Bäume oder Kirchtürme inspizieren. Außerdem liefert sein Echolot zwar Signale von potenziellen Beuteinsekten, nicht aber von Schlupflöchern, die sich irgendwo mitten im Wald befinden. Was soll er also tun, um trotzdem eine Wohnung zu finden?

Die Antwort fanden kürzlich polnische und deutsche Wissenschaftler: Der Abendsegler landet auf einem Baumstamm und geht von dort aus zu Fuß. Und dann schaut er sich um wie ein Spaziergänger auf Shoppingtour. Wenn er Glück hat, dringen aus bereits bewohnten Höhlen die Signalrufe von Artgenossen zu ihm. Ansonsten ist es aber, wie es Björn Siemers vom Max-Planck-Institut für Ornithologie elegant formuliert, »für den Abendsegler keine triviale Aufgabe, ein neues Quartier für sich zu finden.« Ganz zu schweigen davon, dass eine flanierende Fledermaus auf umherstreunende Marder oder Füchse wie ein Gratis-Festmahl wirken muss.

Aber vielleicht glauben Fledermäuse ja an das Gute im Raubtier. Beim Menschen jedenfalls tun sie es, weil sie im Laufe der Jahre die Wärme und Stabilität von Mühlen, Kirchtürmen und Scheunen kennen und schätzen gelernt haben. So braucht der Besucher in »Schwarze Berge« nicht lange zu warten, bis sich einer der Flatterartisten – meistens natürlich kopfüber – an seinen ausgestreckten Arm hängt, um einen interessierten Blick mit seinem Betrachter zu tauschen. Wohlgemerkt: zu *tauschen*. Denn die Tiere nehmen Kontakt mit uns auf. Junge Fledermauswaisen lassen sich mitunter sogar mit Begeisterung an Hals oder Bauch streicheln. Sie öffnen wohlig und entspannt das Maul und man wartet nur darauf, dass sie zu schnurren anfangen. Dass die Tiere dem Menschen so vertrauensselig begegnen, wirft die Frage auf, ob sie in uns einen Wesensverwandten erkennen.

Tatsache ist: Fledermäuse sind uns tatsächlich ähnlich. Allerdings weniger, was das Gehirn oder die Verhaltensweisen angeht. Sondern ausgerechnet, was den Penis betrifft. Menschen- wie Fledermausmänner besitzen nämlich einen »penis pendulum« was konkret heißt: Ihr Glied hängt frei herunter – das gibt es sonst im Tierreich so gut wie nie.

Dass kaum eine Spezies mit frei hängendem Penis

ausgestattet ist, hat einen triftigen Grund: Es ist ziemlich unfallträchtig. Nicht umsonst schützen Fußballer beim gegnerischen Freistoß ihren Unterleib, indem sie ihre Hände davorhalten, wobei die Kicker noch den weiteren Nachteil haben, dass auch ihre Hoden fortwährend außerhalb des Körpers baumeln, was bei Fledermäusen nur in der Paarungszeit vorkommt. Gleichwohl bleibt es, ob mit oder ohne außen liegenden Hoden, bei der prinzipiellen Tatsache: Ein freischwingender »penis pendulum« ist ein großes Wagnis, insbesondere dann, wenn man wie die Fledermaus zu akrobatischen Flugkunststücken neigt, bei denen selbst die meisten Vögel erblassen.

Bleibt die Frage, was den Fledermausmann dazu treibt, diese Handicaps nonchalant zu ignorieren. Die mutmaßliche Antwort: Er will Eindruck bei den Weibchen schinden. Für diese These spricht, dass einige Flattertiere sich mit regelrechtem Riesenpenis und dazu passenden Riesenhoden präsentieren. Ein US-Forscherteam unter Scott Pitnick von der Syracuse University hat insgesamt 334 Fledermaus- und Flughundarten vermessen und dabei Hodensäcke gefunden, die 8,5 Prozent des Körpergewichts erreichten. Wollte ein männlicher Mensch von neunzig Kilogramm auf das gleiche Verhältnis kommen, müssten seine Keimdrüsen knapp acht Kilogramm auf die Waage bringen. Dies würde nicht nur die Unterwäscheindustrie vor arge Probleme stellen.

Die Investition in Hoden und Penis hat zudem ihren Preis. Es handelt sich dabei um, wie Pitnick es ausdrückt, »stoffwechselmäßig teures Gewebe«, dessen Versorgung physiologisch zulasten anderer aufwendiger Organe, wie etwa des Gehirns, gehen muss. Die männlichen Fledermäuse mussten sich also im Laufe der Evolution entscheiden, ob sie lieber in ihre Geschlechtsorgane oder aber in ihre grauen Zellen investieren wollten. Meistens entschieden sie sich daraufhin ausdrücklich gegen das Gehirn. Herausragend ist dabei der Nilflughund: Seine Hoden wiegen stattliche 3,5 Gramm, sein Gehirn hingegen kommt nur auf 2,3 Gramm. Die Mausohrfledermaus aus der Familie der Glattnasen steckt in ihre Hoden sogar doppelt so viel Energie wie in ihr Gehirn. Ein Missverhältnis mit Folgen: Mausohr und Nilflughund können zwar ziemlich schnell fliegen, doch Wendigkeit und Geistesgegenwart sind dafür nicht ihre Stärke. Zuweilen stoßen sie mit ihren Riesengenitalien derart ungelenk an Mauervorsprünge und Äste, dass ein Menschenmann bei diesem Anblick unwillkürlich zusammenzuckt.

Die Fledertiere nähren dadurch natürlich das feministische Klischee, wonach Mann es entweder zwischen den Beinen oder aber im Kopf hat, aber unmöglich beides vereinen kann. Tatsache ist allerdings auch, dass die Flattermanngenitalien mit der Untreue der Weibchen wachsen. Dies konnten Pitnick und Kollegen zweifelsfrei nachweisen. Es ist ja auch nachvollziehbar, insofern weibliche Untreue für den Mann bedeutet, dass er seine Spermien anderweitig verteilen muss, um seine Gene sicher weiterzugeben. Große Geschlechtsteile helfen da aus zweierlei Sicht weiter: durch eine größere Produktion von Samenzellen und durch die Faszination, die sie auf die Weibchen ausüben.

Bleibt festzuhalten, dass es eigentlich aus evolutionärer Sicht ungünstig ist, wenn man nur den Dummen zu guten Fortpflanzungsraten verhilft. Denn normalerweise bieten große Hirne und scharfer Verstand große Vorteile im Kampf ums Überleben.

Überschätzt und ausgetrickst:
Delfine im Halbschlaf

Die antiken Griechen waren Seefahrer und als solche liebten sie den Delfin, weil er mit seiner Spielfreude eine Schiffsreise kurzweilig und unterhaltsam machen konnte. Sie schätzten aber nicht nur seine Fähigkeit zum Entertainment, sondern glaubten auch, dass er bewusst den Kontakt zum Menschen sucht. Dass solch ein Tier einen besonderen Platz in der griechischen Mythologie finden musste, liegt auf der Hand. Man gab der Göttin Demeter einen Delfin als Begleitung mit und Apollo wurde nach seiner Geburt auf See von einem ebensolchen an Land gebracht. Als Arion von Lesbos über Bord geworfen wurde, waren es ebenfalls die schnatternden Wale, die ihn retteten. Eine Geschichte, die nichts an Aktualität verloren hat: Mit Delfinen, die einen Schiffbrüchigen vor dem Ertrinken retten und ihn vor Haien schützen, kann man noch heute eine Zeitung vor dem Sturz ins Sommerloch bewahren.

Immerhin stimmt es, dass einige Delfinarten wie etwa der als »Flipper« bekannt gewordene Tümmler Menschen vor dem Ertrinken retten können. Doch das ist mehr ein Versehen als ein Akt der Barmherzigkeit. Es gehört nämlich zu den Instinkten dieser Meeressäuger, dass sie einen Artgenossen an die Wasseroberfläche zum Atmen tragen, wenn er selbst es nicht schafft, beispielsweise weil er krank ist oder gerade erst geboren wurde. Seine Hilflosigkeit erkennen die Delfine daran, dass er die für ein Flossentier typische Horizontale nicht mehr halten kann, sondern senkrecht und hilflos im Wasser zappelt. Genau das tun aber auch Menschen, bevor sie ertrinken – weswegen sie mitunter von dem Wal gerettet werden. Sie können sich also glücklich schätzen, dass die Evolution, als sie den Delfin mit seinem Hilfsinstinkt ausstattete, nicht ganz so detailverliebt zu Werke ging.

Zudem muss man bedenken, dass wir keine Daten darüber haben, wie oft ein Schiffbrüchiger von verspielten Delfinen gerammt, gebissen und schließlich versenkt wurde – ganz einfach, weil es keine menschlichen Überlebenden dieser Fälle gibt. Aber wir müssen davon ausgehen, dass es häufiger vorkommt, weil Delfine bei ihren Spielen nicht gerade zimperlich sind. So wurden Rauzahndelfine dabei beobachtet, wie sie einen Sturmtaucher an den Beinen nach unten zogen und dann den durchnässten Vogel wie einen Pingpong-Ball hin und her klatschten. Nach zwanzig Minuten waren sie das Spiel leid und schwammen davon. Den halb toten Sturmtaucher ließen sie zurück.

Nicht nur kleine Vögel, auch größere Tiere geraten ins Visier der verspielten Delfine. Der holländische Meeresbiologe Ben Wilson beobachtete, wie eine Gruppe von Tümmlern einem Schweinswal zusetzte, ihn fortwährend rammte, unter Wasser drückte und mit Bissen traktierte. Wohlgemerkt: Die Delfine fraßen ihn nicht, sondern spielten mit ihm. Dass sie ihn mit einem potenziellen Feind verwechselten, kann aufgrund seiner Friedfertigkeit und geringen Größe ausgeschlossen werden, außerdem zählt der Schweinswal zu den engen Verwandten der Delfine. In jedem Fall enden solche Jagdspiele nicht selten tödlich. Wilson fand am schottischen Moray Firth mehrere Kadaver von Schweinswalen – und sie zeigten die für Tümmler typischen Bissverletzungen. »Ihre Täterschaft konnte also zweifelsfrei bewiesen werden«, so Wilson, der sich tief enttäuscht darüber zeigte, dass sich ausgerechnet jene Tiere, die er über zehn Jahre lang erforscht hatte, am Ende als brutale Totschläger entpuppten.

Andererseits ist es müßig, solche Aktionen moralisch beurteilen zu wollen – menschliche Ethik gilt für den Homo sapiens und nicht für andere Geschöpfe der Natur. Was man aber schon fragen darf: Macht es irgendeinen evolutionären Sinn, wenn eine Horde Delfine über harmlose Tiere herfällt, ohne sie fressen oder als Feind abwehren zu wollen? So etwas ist eigentlich reine Zeit- und Kraftverschwendung, die normalerweise von der Evolution gnadenlos abgestraft wird. Aber das Phänomen des tierischen Spiels lässt sich über darwinistische Argumentationsstränge wie »Survival of the Fittest« und »Kampf ums Dasein« ohnehin nicht hinreichend erklären.

Dennoch sollte der Delfin, anstatt seine Kräfte mit harmlosen Schweinswalen zu vergeuden, eher seine eigentlichen Feinde im Auge behalten, wie etwa den weißen Hai oder andere große Haiarten. Diese werden in Büchern und Filmen gerne als dumpfe Kampfmaschinen dargestellt, die aufgrund ihrer intellektuellen Defizite regelmäßig gegenüber den Delfinen den Kürzeren ziehen. Doch das stimmt ganz und gar nicht. Tatsache ist vielmehr: Der Hai ist bei Weitem nicht so blöd und der Delfin bei Weitem nicht so klug, wie viele glauben.

Das Gehirn des Hais ist zwar schmal, doch es ist fast einen halben Meter lang und mit einem großen Bereich für das Gedächtnis ausgestattet – weswegen Haifische in bestimmten optischen Tests bessere Lernresultate erzielen als beispielsweise Katzen. Miteinander kommunizieren können sie ebenfalls: Bei Hammerhaien wurden bisher neun Signale der Körpersprache identifiziert. Vermutlich sind es weitaus mehr, wir verstehen sie nur nicht.

Das Hörvermögen der Haie und ihre Fähigkeit, Schlüsse aus dem Gehörten zu ziehen, sind ebenfalls beachtlich. So lauschen sie ganz gezielt den »Klicks« der Delfine, die diese ausstoßen, um sich mittels Echoortung gute Nahrungsquellen zu erschließen. Die Haie bedienen sich dann an den Fischschwärmen, die ursprünglich von den Delfinen entdeckt wurden, oder aber gleich an den Entdeckern. So etwas nennt man Pragmatismus und nicht dumpfen Killerinstinkt!

Nichtsdestoweniger verfügt natürlich ein Delfin über mehr Hirnmasse als ein Hai. Allein schon deshalb, weil sich dies für ein Säugetier in Relation zu einem Fisch so gehört. Die tatsächliche Geisteskraft wird aber nicht nur durch die Größe, sondern auch durch Struktur und Zusammensetzung des Hirns bestimmt. Und in dieser Hinsicht schneiden Wale und

damit auch die Delfine ziemlich mäßig ab: Ihre Groß-
hirnrinde ist zwar außerordentlich voluminös, doch
sie wird nicht etwa von Neuronen dominiert, sondern
von sogenannten Gliazellen. Dieser Zelltyp trägt nur
wenig zur elektronischen Hirnaktivität bei. Seine Aufgabe besteht vielmehr bei Kaltwasserbewohnern wie
den Walen darin, eine Art Iso-Matte zu bilden, um die
eigentlichen Produzenten der Geistesblitze, also die
Neuronen, warm zu halten. Man sollte demnach die
geistigen Kapazitäten eines Delfins nicht überschätzen. Sein Gehirn ist so groß, weil er es vor Kälte schützen muss, und nicht, weil er so klug ist.

Der südafrikanische Hirnforscher Paul Manger
geht sogar noch einen Schritt weiter. »Die Intelligenz
von Walen und Delfinen wird völlig überschätzt«, behauptet er. Studienergebnisse, die angeblich auf einen
überragenden IQ der Delfine hinwiesen, seien bei näherem Hinsehen wissenschaftlich unhaltbar. »Das
Selbst-Erkennen im Spiegel wurde beispielsweise an
nur zwei Delfinen gezeigt und konnte bisher nicht an
anderen Tieren bestätigt werden«, so Manger. Vielmehr würden die Zahnwale bei Intelligenztests teilweise schlechter abschneiden als Tauben und Ratten –
ja, sie müssten sich sogar den Goldfischen geschlagen
geben.

Dafür vollbringen Delfine ein hirnakrobatisches
Meisterstück, das selbst der Mensch nicht beherrscht:
Sie können ihre Hirnhälften wechselweise schlafen
lassen. Eine Technik, die überlebenswichtig für sie ist,
weil sie nicht unbewusst und automatisch atmen kön-

nen, sondern drei bis sieben Mal pro Minute zum Luftholen auftauchen müssen. Das klappt nur, wenn ein Teil des Gehirns angeschaltet bleibt. Die Schlafqualität leidet allerdings darunter: Der Delfinschlummer kennt praktisch keine REM-Phase (Rapid Eye Movement – eine traumintensive, von schnellen Augenbewegungen begleitete Schlafphase). Sie wird normalerweise für die Hirnreife benötigt, weswegen Menschenbabys bis zu neun Stunden täglich in dieser Phase verbringen. Man kann sich daher leicht ausrechnen, dass der fehlende REM-Schlaf dem Intelligenzquotienten des Delfins weitere Grenzen setzt. Dafür aber gewährt ihm der Halbseitenschlaf einen anderen Vorteil: Er kann immer ein Auge offen halten und auf herumstreunende Feinde achten. Wie etwa auf den Hai. Und mit dem muss man immer rechnen: Er kommt bei Bedarf auch komplett ohne Schlaf aus.

Affen und Menschen: Pleitenkönige mit energischem Willen zur Korrektur

Zoologisch gehören die Menschen und Affen zur Ordnung der Primaten oder Herrentiere. Allein diese Begriffe lassen einen schon erschauern. Denn sie wurden erfunden, um dem Zuhörer oder Leser zu signalisieren: Du befindest dich jetzt an der Spitze der Evolutionshierarchie – dort, wo besonders viel Perfektion, Komplexität und Intelligenz zu Hause sind.

Dass Affen und Menschen zu den überdurchschnittlich intelligenten Lebewesen gehören, steht außer Zweifel. Doch man muss auch die Frage stellen, warum sie eigentlich so ein großes und funktionstüchtiges Gehirn haben. Der Elefant bildete seinen Rüssel aus, weil er sonst wegen seines riesigen Kopfes, der fast halslos am Rumpf aufsitzt, nicht an das Futter am Boden gekommen wäre. Und der Rüssel wiederum machte ihn klug, weil er damit fast wie mit einer menschlichen Hand greifen konnte. Es war also ein Mangel, der den Elefanten zum klugen Rüsseltier machte. Doch wie kam es zum Riesengehirn der Primaten?

Man muss vermuten, dass auch hier Pleiten und Pannen eine wichtige Rolle spielten. Denn ursprünglich waren Primaten reine Baumbewohner, die mit langen Armen und Greifhänden (mit opponierbaren Daumen und Fingern) ausgerüstet waren. Mit diesen Händen konnten sie die Welt im wahrsten Sinne des Wortes be-greifen, was für das Hirnwachstum sicherlich ein wichtiger Stimulus war. Später jedoch zog es sie, und hier vor allem die Vorfahren des Menschen, zunehmend hinab auf den Boden, wo aber Zweibeiner, die weder schnell noch lange laufen konnten und auch leicht aus der Balance zu bringen waren, keine Chance gegen vierbeinige Raubtiere hatten. Also mussten sie mit Cleverness punkten – der Weg zum riesigen Menschenhirn war frei. Oder anders ausgedrückt: Hätten die Primaten zum Ausgleich für ihre bodenuntaugliche Konstitution nicht ihr kluges Gehirn entwickelt, wären sie ausgestorben.

Nicht nur unser Hirn, unsere ganze Kultur ist vermutlich das Produkt einer Kompensation von Pleiten und Pannen. Johann Gottfried Herder (1744–1803) nannte den Menschen ein »Mängelwesen«, das als körperliches Wesen zu schwach sei, um in der Natur überleben zu können. Also, so argumentierte der Philosoph weiter, müsse er sich eine »zweite Natur«, eine künstlich bearbeitete, passend gemachte Ersatzwelt erschaffen, um überleben zu können. Wir haben also Kleidung und Häuser erschaffen, weil wir kein Fell haben und uns körperlich nicht anders vor Kälte und Feinden schützen können. Und wir haben menschliche Gesellschaften gebildet, weil jeder Einzeln von uns allein zu schwach ist, um in der Natur zu überleben. Alle unsere menschentypischen Errungenschaften, die uns als »Sozial- und Kulturwesen« kennzeichnen, sind also letzten Endes aus dem Bemühen entstanden, einen Ausgleich für unsere körperliche Mangelhaftigkeit zu schaffen.

Vielleicht eine Theorie, die zu einfach ist, um wahr zu sein. Aber sie tröstet. Weil sie uns zu »Pleitenkönigen« macht und uns dadurch die Bürde nimmt, die Krone der Schöpfung zu sein. Und weil sie uns die Möglichkeit gibt, unsere zahlreichen Irrtümer und Fehler als notwendige Etappen des Fortschritts zu interpretieren.

Supersanft statt affengeil:
Der Muriqui liebt es hoffnungslos romantisch

Schon der Name »Spinnenaffe« lässt ahnen, dass wir es hier mit einer besonderen Tierart zu tun haben. Als fantasievoller Mensch könnte man vermuten, Spinnenaffen seien so etwas wie ein »Missing Link« zwischen Spinne und Primaten. Aber das würden natürlich die Zoologie-Systematiker energisch bestreiten, eine direkte Verbindung zwischen zwei entwicklungsgeschichtlich so weit voneinander entfernten Tierordnungen könnten sie sich nicht vorstellen. Wir sollten uns freilich in unserer Fantasie davon nicht stören lassen, zumal dem Spinnenaffen die verwandtschaftliche Nähe zu den erlesenen Primaten auch nicht viel zu bedeuten scheint.

Mit ihren langen und dürren Gliedmaßen (die tatsächlich an eine Spinne erinnern) sowie ihren verkümmerten oder sogar komplett fehlenden Daumen geben sie schon anatomisch zu erkennen, wie unwichtig ihnen das für Menschen und Schimpansen typische Greifen und Begreifen ist. Sie klettern lieber mit ihrem Schwanz als mit ihren Händen (was sie allerdings auch wieder von den Spinnen entfernt) und nehmen sogar ihre Speisen gerne kopfüber ein. Zudem pflegen sie einen durch und durch harmonischen Umgang miteinander. Rangkämpfe, Unterdrückung und aggressives Macho-Gebaren wie bei Menschen und anderen Primaten gibt es bei ihnen nicht. »Von der Wesensart sehr sanftmütig, schauen sie aus großen schwarzen Augen vertrauensvoll in die Welt«, schrieb

der deutsche Zoologe Hans-Wilhelm Smolik Ende der 1960er Jahre. »Ihre runzligen, etwas greisenhaften, meist nackten und oft fleischfarbenen Gesichter erinnern an die alter, abgearbeiteter Indianerfrauen.« Das klingt irgendwie romantisch, aber auch geradezu hoffnungslos romantisch, fast wie ein Abschied. Und in der Tat: Vieles deutet darauf hin, dass die Zeiten des sanftmütigen Spinnenaffen vorbei sind.

In Brasilien nennt man ihn den »Muriqui«. Dieses Wort stammt aus der Indianersprache und steht für schüchtern und zurückhaltend, aber auch für rücksichtsvoll. Weswegen »Muriqui« das Sozialleben dieser Tiere ähnlich gut trifft wie der »Spinnenaffe« ihre

anatomischen Merkmale. Die Männchen kämpfen fast nie um das Vorrecht beim Sex, die Spinnenaffendame allein bestimmt den Paarungsablauf. Sofern sie einen der Anwärter auserkoren hat, darf der in aller Ruhe seinen Akt zu Ende bringen – die anderen Liebhaber in spe warten geduldig, bis er fertig ist. Bis zu sechs Männchen buhlen um ein Weibchen, sodass sich dabei regelrechte Warteschlangen bilden können. So etwas würde beim Menschen niemals funktionieren. Selbst Callgirls müssen pingelig darauf achten, dass sich ihre Freier möglichst nicht begegnen ...

Die Verhaltensforschung ist schon länger bemüht, eine Erklärung für die sexuelle Gelassenheit der Muriquimännchen zu finden. Derzeit favorisiert man die Große-Hoden-sorgen-für-Entspannung-Theorie. Demnach sind die Produktionsstätten der Spermien bei den Spinnenaffen im Unterschied zu anderen Primaten extrem groß. Sie erreichen durchaus das Format der Geschlechtsteile eines Gorillas, obwohl der Gorilla zwölf Mal so viel Gewicht auf die Waage bringt wie ein Spinnenaffe. Das Muriquimännchen kann also entspannt auf seinen Beischlaftermin warten, weil es sich auf das langlebige und milliardenstarke Spermienheer in seinen Hoden verlässt, das schon dafür sorgen wird, dass seine Gene weitergegeben werden.

Es ist jedoch fraglich, ob diese Gene ebenso vielversprechend sind. Denn Erfolg im Sinne der Evolution heißt, dass möglichst kräftige und überlebensfähige Nachkommen produziert werden. Doch wer ein riesiges Heer leistungsfähiger Spermien produziert, muss selbst noch lange nicht leistungsfähig sein. Im Gegenteil! Von den Flughunden etwa ist bekannt, dass sie ihre Riesenhoden mit einem Verlust an Hirnmasse bezahlt haben, weil ihr Blutkreislauf eben nicht beide Organe in gleichem Maße versorgen kann. Die entspannte Fortpflanzungsmethode der Muriquis garantiert also keineswegs Nachkommen, die optimal für den Überlebenskampf ausgerüstet sind.

Hinzu kommt, dass sexuelle Schüchternheit sich auf andere psychische Merkmale überträgt. Weswegen die Muriquimännchen auch im Umgang mit der »bösen Welt« jenseits der Affengemeinschaft eine dezente Zurückhaltung pflegen. Oder um es unverblümt auszudrücken: Sie sind ausgesprochene Angsthasen. Schon ein kleines und harmloses Kapuzineräffchen reicht aus, um sie in helle Aufregung zu versetzen. Sie stürzen dann aufeinander zu, bilden ein kreischendes Knäuel panischer Affenmänner – und die Weibchen mit ihrem Nachwuchs können allein zusehen, wie sie klarkommen. Mit solch einer Einstellung kommt man normalerweise im Dschungel nicht weit. Bislang schaffte es der Spinnenaffe trotzdem irgendwie, sich dort zu behaupten. Was wieder einmal zeigt, dass die Evolution nicht nur für gnadenlose Siegertypen ein Plätzchen bereithält – und dass man auch ein Quäntchen Glück braucht, um sich in ihr durchzusetzen.

Aktuell jedoch hat das Glück den Muriqui verlassen. Durch die massiven Waldrodungen des Menschen wird es im südamerikanischen Dschungel immer enger, sodass zwischen seinen Bewohnern immer mehr

Konflikte ausbrechen. Viele Tiere haben damit große Probleme, erst recht aber der harmoniebedürftige Muriqui. Die Zahl der nördlichen Spinnenaffen im brasilianischen Bahia wird gerade noch auf dreihundert Exemplare geschätzt. Zum Überleben der Art ist das vermutlich zu wenig.

Kratz mich und ich will dich! Bei den Javaneraffen gibt es Sex für Kosmetik

Affen mit Schwanz haben es beim Menschen nicht leicht. Der findet wohl die Paviane und Kapuzineräffchen im Zoo ganz lustig, doch ansonsten haben es ihm vor allem schwanzlose Menschenaffen wie Schimpanse und Gorilla angetan. Allenfalls der Javaneraffe findet noch seine Beachtung. Weil der nämlich eine solide Vermehrungsquote hat und anspruchslos in der Haltung ist, hat er »Karriere« als eines der beliebtesten Labortiere überhaupt gemacht. Man kann sich allerdings ausmalen, dass dies kein Segen für ihn war.

Dass der Mensch die Menschenaffen besonders mag, liegt auf der Hand und lässt sich bereits an deren Namen erkennen: Er fühlt sich ihnen eben besonders nahe. Bestätigt wird er darin durch genetische Forschungen, die in den Schimpansen, Gorillas und Orang-Utans (und zwar genau in dieser Reihenfolge!) unsere nächsten Verwandten ausmachten. Daraus jedoch den Schluss zu ziehen, dass sie in puncto Intelligenz und Sozialleben weiterentwickelt sind als andere Tiere und auch andere Affen, ist ein Fehler. Gerade Kapuziner- und Javaneraffen können in dieser Hinsicht locker mithalten – und sie zeigen auch ähnliche Macken und Marotten.

So zeigt der Kapuzineraffe eine geradezu menschliche Mimik: Er lächelt, wenn er sich freut, und zeigt eine zähnefletschende Grimasse, wenn er wütend ist. Er kann sogar weinen und beleidigt sein. Die Zoologen Sarah Brosnan und Frans de Waal ließen Kapuzineräffchen absichtlich zum Opfer von Ungerechtigkeiten werden, indem sie dem einen Tier eine Gurkenscheibe und seinem Nachbarn eine leckere Weintraube gaben. Beide hatten Sichtkontakt zueinander, waren also über die ungleiche Behandlung voll im Bilde. Der Affe mit der Gurkenscheibe war daraufhin sichtlich gekränkt – und verweigerte fortan die Kooperation mit dem Menschen, von dem er das Trivialfutter bekommen hatte. Wollte der beispielsweise noch einen Tauschhandel oder ein anderes Experiment mit ihm machen, wurde er schroff abgewiesen.

Selbst in ihrer Lust am Rausch ähneln Kapuzineraffen dem Menschen. So beißen sie vorsichtig in bestimmte Tausendfüßler und reiben sich mit ihnen die Haut ein. Wissenschaftler vermuteten ursprünglich, dass sie das nur machen, weil die Tausendfüßler natürliche Insektizide wie Benzochinon und Zyanid enthalten. Doch das ist wohl nur die halbe Wahrheit – oder womöglich sogar nur ein Scheinargument. Denn

die Affen halten den angeblichen Anti-Mücken-Füß-
ler auffällig lange vor ihre Nase und reichen ihn wie
einen Joint an den Nachbarn weiter. Sie bekommen
glasige Augen und ihre Session endet damit, dass das
komplette Rudel in Trance vor sich hindämmert. Was
natürlich für potenzielle Feinde eine wunderbare Gelegenheit ist, ihren Speiseplan mit vollgedröhnten Kapuzineraffen zu bereichern.

Der Javaneraffe verzichtet hingegen auf Drogen
und auch auf chemische Keulen im Kampf gegen Un-
geziefer. Er pflegt sein Fell lieber von Hand, was ja in
der Affenwelt durchaus üblich ist. Ungewöhnlich ist
aber, dass er diese Handlung als Währung verwendet,
um Sex zu kaufen.

Wie genau das vor sich geht, beobachtete ein Forscherteam der Nanyang University in Singapur an
fünfzig frei lebenden Javaneraffen. Deren Weibchen
paarten sich im Schnitt etwa eineinhalb Mal pro
Stunde, was allein schon beachtlich ist, zumindest im
Vergleich zum Menschen. Nach intensiver Fellpflege
ging es aber mit dieser Quote noch weiter nach oben:
auf sage und schreibe dreieinhalb Sexualkontakte pro
Stunde. »Dabei boten die Weibchen vor allem jenen
Männchen den Sex an, von denen sie eine Fellpflege
bekommen hatten«, so Studienleiter Michael Gru-
mert. Ein klarer Fall von käuflicher Liebe!

Die Krone des Kapitalismus ist aber, dass die Javaneraffen den Kurswert der Kosmetik aufgrund von
Angebot und Nachfrage ermittelten. Waren gerade
viele Weibchen in der Nähe, konnten die Männchen

den Sex schon für acht Minuten Fellpflege kaufen. Gab es hingegen weniger Weibchen als Männchen, stieg der Preis und das Männchen musste bis zu sechzehn Minuten als Kosmetiker aktiv werden, bevor es randurfte.

Bleibt festzuhalten, dass das Auswahlverfahren der Affenfrau aus Sicht der Evolution eher fragwürdig ist. Denn ob ein geduldiger Entlauser auch gute Gene in sich trägt, kann sie unmöglich wissen. Dass sie sich allerdings generell für ihren Sex mit Kosmetik entlohnen lässt, ist nachvollziehbar, weil ein von Parasiten gründlich gereinigtes Fell ihren Fitnesszustand als spätere Mutter erhöht. Eine astreine Hygiene war in der Evolution schon immer ein Trumpf – wichtiger noch als Kraft und Intelligenz.

Für Cheetas Liebe musst du zahlen: Das kriminelle Leben der Schimpansen

Kein anderer Affe ist dem Menschen so nahe wie der Schimpanse. Die evolutionären Wege der beiden trennten sich, wie Untersuchungen des Erbguts zeigen, erst vor etwa sechs Millionen Jahren. Das ist vor dem Hintergrund des erdgeschichtlichen Tages nicht mehr als eine Minute.

Unser nächster Verwandter ist der Bonobo. Die genetische Übereinstimmung zwischen dieser Schimpansenart und uns liegt bei neunundneunzig Prozent. In Anbetracht solch einer Quote ist es fast schon verwunderlich, dass wir nicht mit dem Bonobo am Frühstückstisch sitzen und uns mit ihm unterhalten. In jedem Falle sollten wir aber besser mit ihm umgehen, als wir es derzeit tun. Immer noch wird er gejagt, weil sein Fleisch als Delikatesse gehandelt wird. Der Bonobo-Bestand gilt als stark gefährdet.

Die Intelligenz der Schimpansen ist legendär. Es gibt kaum etwas, was sie nicht können. Sie verstehen sich auf Humor, mathematisches Knobeln, die Herstellung von Werkzeug und sogar, wenn man sie darauf trainiert, auf die Verständigung mit dem Menschen. Ihr sozialer Organisationsgrad ist hoch. Während die Bonobo-Gesellschaften matriarchalisch strukturiert sind und von einem Weibchen geführt werden, bevorzugt der gemeine Schimpanse das Patriarchat mit einem Männchen an der Spitze. Beides hat sich in der Evolution durchaus bewährt – was wieder einmal deutlich macht, dass weder weibliche noch männliche Führungsansprüche eine besondere Legitimation haben.

Die hohe Intelligenz der Schimpansen bringt es zwangsläufig mit sich, dass sie auch listig sein können. Am Yerkes-Primatenzentrum im amerikanischen Atlanta schafften es zwei von ihnen mehrfach, aus ihren Käfigen auszubrechen – kein einziges Mal wurden sie dabei erwischt. Beispielsweise fanden sie heraus, dass die Kunststoffwände ihres Affenhauses brechen, wenn man sie nur ausdauernd genug mit einem harten Gegenstand bearbeitet. Die Pfleger hörten immer wieder ein lautes Hämmern. Doch sobald sie nachsahen, trafen sie lediglich auf zwei friedlich-untätige Schimpansen mit Unschuldsmiene. Die Tiere ließen sich einfach nicht in flagranti erwischen. Keine Frage: Die beiden Ausbruchskönige wussten, dass ihre Aktionen beim Menschen unerwünscht waren und man sie daher vertuschen musste. Mit ihrer Unschuldsmiene bekundeten sie außerdem noch eindrucksvoll ihr schauspielerisches Talent und ein tiefes Verständnis für die Kunst der Verstellung.

Nun ist die Täuschung gegenüber Feinden sicherlich sinnvoll für den Überlebenskampf. Denn wo das Gesetz von Fressen und Gefressenwerden regiert, sind List, Tarnung und Betrügen unverzichtbar. »Im Wettlauf zwischen Räuber und Beute haben nur Lügen lange Beine und keineswegs die vertrauensselige Wahrhaftigkeit«, erklärt der deutsche Verhaltensforscher Volker Sommer. Doch wie verhält es sich mit dem Lügen innerhalb der Art? Wirkt es sich nicht eher schwächend auf den Erhalt der Spezies aus, weil sich das Individuum dadurch Vorteile gegenüber seinen Artgenossen verschafft? Die Schimpansen jedenfalls sind auch darin wahre Könner.

So berichtet der holländische Primatologe Frans de Waal von einem rangniederen Schimpansen, der zwei unterschiedlich große Portionen Futter gezeigt bekommt. Man sieht ihm an, wie er ins Grübeln gerät, weil er am liebsten beide Portionen mitnehmen würde. Doch so etwas darf sich im Affenrudel nur der Boss erlauben. Also führt der findige Schimpanse seine Artgenossen mit großem Geschrei – zu der kleineren Futtermenge. Während sich dann die anderen um die kleinere Portion streiten, macht sich der rangniedere Affe über die große Portion her. Er hat also sein eigenes Wohl über das der Gemeinschaft gestellt. Trägt man so etwa zum Arterhalt bei?

Manchmal kippen die Betrugsmanöver noch weiter ins Kriminelle ab. So gibt es Schimpansen, die einen Baum mit saftigen Früchten finden und dann ihre Artgenossen genau in die entgegengesetzte Richtung führen, um bloß nicht mit ihnen teilen zu müssen. Selbst vor Tateinheiten aus Betrug und Mord schrecken sie nicht zurück. Wenn zwei Schimpansen eine ergiebige Futterquelle gefunden haben, kann es durchaus passieren, dass einer den anderen in einen Hinterhalt lockt, um ihn zu erschlagen. Er erledigt damit zwei Fliegen mit einer Klappe: Er braucht nicht mehr mit dem anderen zu teilen und der kann auch nicht mehr den übrigen Rudelmitgliedern den Weg zum Futter zeigen. Solch ein Verhalten kann man allenfalls damit erklären, dass der betreffende Affe im harten Spiel des Lebens seine eigenen Gene durchsetzen will, die Art als solche hat jedoch davon sicherlich keinen Vorteil.

Dass Tötungsdelikte aus niederen Motiven unter Schimpansen nichts Ungewöhnliches sind, musste auch Jane Goodall erkennen. Die berühmte Schimpansenforscherin berichtete 1976 ihrer Familie von einem »brutalen Mord«, bei dem eine Affenmutter und ihre Tochter ein anderes Weibchen attackierten

und ihr dann ihren erst drei Wochen alten Säugling
entrissen. Mit einem gezielten Biss in den Schädel tö-
teten sie das Baby, um es schließlich sogar teilweise
aufzufressen. Insgesamt noch weitere drei Male musste
Goodall die beiden Affenkannibalinnen bei ähnlichen
Aktionen beobachten, in drei weiteren Fällen wurden
sie nur durch das energische Eingreifen der Forsche-
rin daran gehindert.

Die Affenexpertin war schockiert. Sie hatte zwar
schon Gewalt bei Schimpansen gesehen, doch die war
bis dahin immer von den Männchen ausgegangen.
Dass jedoch auch Weibchen zu Mörderinnen werden
konnten, war bis dahin unbekannt, weswegen Goodall die Vorfälle zunächst als krankhafte Entgleisung
interpretierte. Mittlerweile gilt jedoch als gesichert,
dass solche Situationen öfter vorkommen. Schimpansenweibchen sind also keineswegs so friedfertig, wie
man bisher dachte. Fragt sich nur, warum das so ist.

Rangkämpfe gibt es unter Weibchen nicht, sie scheiden daher als Ursache für die weiblichen Gewaltaus-
brüche aus. Bleibt prinzipiell nur noch eine Antwort:
Sie haben Angst, dass die Konkurrentinnen ihnen die
beste Nahrung und auch die besten Sexualpartner
wegschnappen. Hierfür spricht, dass die Massaker in
der Regel dann passieren, wenn die Sippengröße und
vor allem der weibliche Mitgliederanteil dramatisch
zunehmen, ohne dass gleichzeitig das Territorium der
Affen wächst.

Dabei wären die Morde der Schimpansenweibchen
sogar vermeidbar, wenn ihre männlichen Führer – und

das ist eigentlich ihr Job! – für ein ausreichend großes Territorium sorgen würden, sodass bei ihren Partnerinnen überhaupt keine Versorgungsängste aufkommen.

Indirekt sind also doch wieder die Männer schuld an den Gewaltexzessen. Einerseits. Andererseits könnten aber die Weibchen durch ihre Partnerwahl auch mitbestimmen, welche Qualitäten die Männchen haben, und bevorzugt die Männchen auswählen, die in der Lage sind, für die Gruppe genügend Lebensraum zu schaffen. Doch die Weibchen suchen ihre Partner leider oft nach ganz anderen Gesichtspunkten aus – und lassen sich für ihre sexuelle Bereitschaft bestechen.

Die schottische Verhaltensforscherin Kimberley Hockings beobachtete im westafrikanischen Guinea, wie die dortigen Schimpansenmänner den Weibchen saftige Früchte mitbrachten, die sie vorher aus einem benachbarten Obstfeld geklaut hatten. Die meisten der ergatterten Leckereien hatten die diebischen Affen zwar schon selbst gefressen, doch einige davon teilten sie auch mit einem oder mehreren Weibchen – allerdings nur mit solchen in fortpflanzungsfähigem Alter und am liebsten mit denjenigen, die ihnen exklusiven Sex abseits der Gruppe boten. Also ein klarer Fall von Prostitution.

Jetzt erscheint es zunächst einmal naheliegend, wenn eine Affenfrau ihre Gunst demjenigen schenkt, der sie mit reichlich Futter versorgen kann. Doch möglicherweise setzt sie damit aufs falsche Pferd. Denn bei den Affen in Guinea waren es nicht etwa die kräftigen Alphamännchen, die sich erst aus dem Obstfeld und dann bei der Damenwelt bedienten, sondern eher die schwächlichen Duckmäuser aus dem zweiten oder dritten Glied, die Probleme beim normalen Nahrungserwerb im Dschungel hatten. Die Nachkommen der bestochenen Weibchen dürften also Verlierergene in sich tragen. Das klingt nicht unbedingt nach »Survival of the fittest« und erst recht nicht danach, dass für den Arterhalt die Besten beim Sex zum Zuge kommen sollten.

Vielleicht aber wollen die Schimpansen von Guinea auch ein neues Kapitel in ihrer Evolution aufschlagen und sich von klassischen Hierarchien verabschieden, etwa nach dem Muster: Überlasst die Affenwelt nicht mehr den lauten Kraftmeiern, sondern den leisen Dieben.

Man darf gespannt sein. Beim Menschen wurde so etwas ja auch schon versucht – und jetzt haben wir, manchmal sogar in nur einer Person, laute Kraftmeier *und* leise Diebe als politische Führer.

Blond, kurzsichtig und rheumatisch:
Noch mehr Pleiten und Pannen
beim Homo sapiens

Betrachtet man die gängigen Lehrtafeln zur Evolution, findet man den Menschen meistens an der Spitze der Entwicklungsgeschichte. Er bildet die Krone der Evolution, stellt jenes Wesen dar, das die anderen Tierarten aufgrund seiner Komplexität übertrumpft hat. Tatsache ist: Es gibt nur ein menschliches Organ, dessen Leistungsfähigkeit wirklich überragend ist, nämlich das Gehirn. Und das ist vermutlich nur deshalb so groß und leistungsstark geworden, weil es die zahlreichen körperlichen Mängel des Menschen ausgleichen musste.

Vieles, was den Menschen auszeichnet, macht aus der Sicht des »Survival of the Fittest« keinen Sinn. Dass wir Haare auf dem Kopf haben, obwohl der Rest unseres Körpers nahezu haarlos ist, mag noch nachvollziehbar sein, weil es unsere exponierte Kopfhaut vor Sonne und Kälte schützt. Doch warum gibt es unterschiedliche Haarfarben? Warum entwickelte der nordische Mensch beispielsweise rote und blonde Haare, obwohl die in der Auseinandersetzung mit seiner Umwelt keine größeren Vorteile bieten als etwa brünette Farben?

Beim blonden Haar vermuten Wissenschaftler, dass es sich vor allem bei den Frauen durch »intersexuelle Selektion« entwickelt habe. Das heißt: Männer finden blonde Frauen attraktiv, deswegen hätten die Frauen in der Evolution unter Anpassungsdruck gestanden und blonde Haare ausgebildet. Wenn man heute Kontaktanzeigen durchblättert und liest, wie oft Männer als Wunschhaarfarbe ihres Traumpartners »blond« angeben, scheint dies zu stimmen. In den USA lassen sich vier von zehn Frauen die Haare blondieren. Sie tun es in erster Linie, um dem anderen Geschlecht zu gefallen.

Bleibt dennoch die Frage, warum Männer blonde Frauen schön finden. Normalerweise stehen schöne Attribute für Merkmale, die auf biologische Leistungsfähigkeiten hinweisen, weswegen viele Männer bei Frauen auf ebenmäßige Gesichter, große Brüste und breite Hüften abfahren, weil sie für gutes Erbgut und ein hohes Fortpflanzungspotenzial stehen. Doch für blonde Haare trifft das alles nicht zu. Wer blond ist, trägt weder besondere Gene in sich, noch kann er besonders viele Kinder gebären und aufziehen. Das männliche Faible für Blondinen hat also biologisch keinen Sinn. Im Gegenteil! In einer Studie der Universität Nanterre in Paris schnitten Männer im Intelligenztest schlechter ab, wenn sie vorher blonde Frauen gesehen hatten. Was im Klartext soviel heißt wie: Blonde Frauen verdrehen Männern nicht nur den Kopf, sie rauben ihm auch etwas von der Funktionstüchtigkeit seines Inhalts.

Noch rätselhafter ist die Beharrlichkeit, mit der rote Haare auf menschlichen Köpfen wachsen. Barbarossa, Boris Becker oder Pumuckl – aus Sicht der Vererbungslehre und Evolutionstheorie müsste ihre Zeit eigentlich vorbei sein. Denn rotes Haar ist das Produkt einer Mutation auf einem Gen namens MCR-1, die gleichzeitig für einen ausgesprochen blässlichen Hauttyp sorgt, der sehr empfindlich auf Sonne reagiert. So etwas bringt biologisch keinerlei Vorteile, im Zeitalter des Ozonlochs ist es sogar eine schwere physiologische Bürde. Trotzdem liegt der Anteil der blassen und rothaarigen Menschen weltweit bei zwei Prozent und von einer Abschwächung dieser Quote kann keine Rede sein.

Die Erklärung der intersexuellen Selektion scheidet diesmal aus, weil weder Mann noch Frau die Rothaarigen überdurchschnittlich attraktiv finden. Die »Feuerköpfe« stehen vielmehr im Ruf, besonders aufbrausend zu sein. Das ist zwar nichts weiter als ein Vorurteil, doch es reicht, um die Chancen der Betroffenen auf dem Partnermarkt noch weiter zu drücken. Der sexuelle Anpassungsdruck kann also die genetische Beharrlichkeit der roten Haare nicht gefördert haben.

Immerhin haben Wissenschaftler entdeckt, dass rothaarige Menschen weniger Schmerzen empfinden als andere. Dies wiederum kann natürlich aus evolutionärer Sicht durchaus ein Vorteil sein, insofern eine gewisse Schmerzresistenz nicht nur bei Kämpfen, Krankheiten und Unfällen hilft, funktionstüchtig zu bleiben, sondern auch den Frauen die Mühen einer Geburt erträglicher macht. Warum aber die Natur ausgerechnet die Rothaarigen damit ausgestattet hat und nicht die Blonden oder Brünetten, bleibt weiterhin rätselhaft.

In der Sinneswelt dagegen ist der Mensch nachvollziehbar und sinnvoll aufgestellt. Er kann zwar nur mäßig riechen und hören, doch er wird ja in diesen Bereichen auch kaum gefordert. Dass sein Gleichgewichtssinn weniger entwickelt ist als bei kletternden Affen oder Katzen, ist ebenfalls nachvollziehbar. Mit dem Geschmack aber liegt der Homo sapiens vorn, weil er als Allesfresser über einen besonders breiten Speiseplan verfügt. Über 10 000 Geschmacksknospen bevölkern seinen Gaumen und vor allem den Zungenrücken, weit mehr als bei Hunden (1700) und Katzen (etwa 500), die dem Menschen sonst in allen Sinnen überlegen sind. Gruppiert sind die Knospen in sogenannten Papillen. Nicht alle von ihnen besitzen allerdings Geschmacksfühler im eigentlichen Sinne. So sind die besonders häufigen Fadenpapillen nur für Berührungsreize zuständig. Was deutlich macht, wie wichtig die Konsistenz eines Nahrungsmittels für den geschmacklichen Gesamteindruck ist: Ein ekelhafter Schleim schmeckt auch deshalb ekelhaft, weil er schleimig ist.

In etwa achtzig Prozent seiner sinnlichen Wahrnehmungen verlässt sich der Mensch aufs Optische, er ist also ein ausgesprochenes Augenwesen. Die Umwandlung von Lichtstrahlen in Signale, die dann vom Gehirn in Bilder transformiert werden, verdient ohne Zweifel Respekt, weil dabei physikalisch einige hohe Hürden zu überwinden sind. Nicht umsonst sagte Charles Darwin: »Der Gedanke an das Auge lässt mich am ganzen Körper erschauern.« Es erschien ihm sogar derart perfekt, dass es kaum durch spontane und willkürliche Mutationen entstanden sein konnte – und damit seine eigene Evolutionstheorie in Zweifel zog. Doch aus heutiger Sicht könnte man Darwin beruhigen. Denn erstens musste auch das Auge die unerbittliche Versuch-und-Irrtum-Mühle der Evolution hinter sich bringen und zweitens ist es keineswegs perfekt.

So ist unsere Netzhaut verkehrt herum konstruiert, weil sie während der embryonalen Entwicklung aus dem zentralen Nervengewebe gestülpt wird. Die ursprünglich im Innern des Kopfes gelegenen Sehzellen wandern dadurch zwar nach außen in die Peripherie, doch sie bleiben dabei unterhalb ihrer Versorgungsschicht. Für das Licht bedeutet das: Es muss nach seinem Eintritt durch Hornhaut und Linse auch noch diverse Nerven und Blutbahnen passieren, bevor es auf die zuständigen Sinneszellen trifft. Man kann sich leicht ausmalen, dass dies nicht unbedingt zur Sehqualität beiträgt. Demgegenüber ist selbst ein Borstenwurm besser ausgerüstet: Bei ihm trifft das Licht direkt auf die Schicht mit den Sehzellen – manchmal kann es eben ein Vorteil sein, wenn man primitiv ist.

Ein weiterer Haken der inversen Netzhautstruktur: Während die Sehzellen dem Körper zugewandt sind, liegen die aus ihnen abgehenden Nerven auf der Sonnenseite des Lebens. Nun müssen die Nervenfasern aber irgendwie Kontakt zum Gehirn bekommen und aufgrund ihrer Sonnenlage bleibt ihnen da nichts anderes übrig, als sich im Strang zu bündeln und durch die Netzhaut zu bohren. Für Sinneszellen ist an dieser

Stelle freilich kein Platz mehr – und so bleibt ein blinder Fleck, der nichts sehen kann. Glücklicherweise wird dieser Makel durch das Gehirn so weit kompensiert, dass wir nichts davon merken.

Immerhin kann der Mensch relativ viele Farben sehen: Rot, Blau, Grün und alle damit möglichen Kombinationen. Mäuse und Hunde haben hingegen keinen Sinn fürs Rote und den Walen und Robben fehlt ausgerechnet das in ihrer Umgebung dominierende Blau.

Doch so facettenreich der Mensch im Farbensehen ist, so störanfällig ist seine Sehschärfe. Wir können nämlich nur mit 0,02 Prozent unserer Netzhaut scharf sehen – mit dem sogenannten gelben Fleck. Die Augenmuskeln sorgen mit unaufhörlichen kleinsten Bewegungen innerhalb von Sekundenbruchteilen dafür, dass immer wieder andere Teile des erblickten Gegenstandes auf diesen gelben Fleck projiziert werden, sodass daraus das scharfe Gesamtbild entstehen kann – eine unerhörte Anstrengung für die Augen und das Gehirn. Der Rest der Netzhaut gibt sich damit zufrieden, Hell und Dunkel voneinander zu unterscheiden. Klar, dass die Konzentration einer so wichtigen Leistung wie des Scharfsehens auf eine fünf Millimeter kleine und überaus empfindliche Fläche Probleme mit sich bringt. Der Untergang des gelben Flecks, die sogenannte Makuladegeneration, bildet die häufigste Ursache für Blindheit im Alter. Allein in Deutschland leben nach Expertenschätzungen mindestens 20 000 Menschen, die dadurch ihr Sehvermögen verloren haben.

Außerdem entwickelt ab einem Alter von fünfundfünfzig Jahren praktisch jeder von uns eine Altersweitsichtigkeit. Und etwa jeder vierte Europäer leidet an Kurzsichtigkeit, weil sein Augapfel zu lang oder die Brechkraft seiner Linse zu stark ist. Doch er kann sich möglicherweise mit seiner Geisteskraft trösten. Ende der 1990er Jahre fand nämlich der amerikanische Psychologe Arthur Jensen bei Kurzsichtigen einen um bis zu acht Punkte höheren Intelligenzquotienten als bei Nicht-Kurzsichtigen. Als mögliche Erklärung postulierte er, dass IQ und Kurzsichtigkeit durch ähnliche Gene verursacht werden.

Das Beispiel der Kurzsichtigkeit gibt bereits einen Hinweis darauf, dass der Mensch genetisch relativ unausgereift ist. Er ist in dieser Hinsicht dem Schimpansen deutlich unterlegen, dessen evolutionärer Weg sich vor etwa sechs Millionen Jahren von dem unsrigen trennte. Evolutionsbiologen der University of Michigan haben 14 000 Gene verglichen, die sowohl der Mensch als auch der Affe in sich tragen. Das Ergebnis: Beim Schimpansen haben sich 233 Gene durch permanenten Selektionsdruck so weit perfektioniert, dass keine Mutation sie noch verbessern könnte. Beim Menschen sind es nur 154. Beim Schimpansen wurden also während der Evolution weitaus mehr ungünstige Merkmale herausgefiltert als bei uns. Biologen sagen auch, sie haben sich »herausgemendelt«, weil sie sich nach den Vererbungsgesetzen des Genetikers der ersten Stunde, Gregor Johann Mendel, verabschiedet haben.

Die genetische Überlegenheit des Affen könnte erklären, warum sie viel weniger Krankheiten bekommen als wir. Beim Menschen stirbt jeder Fünfte an
Krebs, bei den Schimpansen sind es lediglich zwei bis
vier Prozent. Aids? Ist den Affen unbekannt, obwohl
sie genauso mit HIV infiziert werden können wie wir.
Ihr Immunsystem hat offenbar einen Weg gefunden,
mit dem heimtückischen Mikroorganismus fertig zu
werden. Alzheimer, Malaria und Rheuma kommen
bei den Affen gleichfalls nicht vor, während sie beim
Menschen zu den großen Volkskrankheiten zählen.

Unsere ausgeprägte Anfälligkeit für Gelenkerkran-
kungen verdanken wir wesentlich unserem aufrechten Gang. Wobei dessen Einführung natürlich auch
viele Vorteile brachte. So emanzipierte er das Gehirn
und die Sinnesorgane von der »Riechspur« am Boden
und verschaffte dem Menschen damit einen besseren
Überblick. Und – ganz wichtig! – die Hände wurden
frei, so dass der Mensch die Welt mit ihnen greifen
und damit auch besser begreifen konnten. Doch die
Negativliste der Nebenwirkungen ist lang.

So ist der Gang auf zwei Füßen ausgesprochen langsam, energieintensiv und labil: Sämtliche Vierbeiner in
der Größe des Menschen sind schneller und ausdau-
ernder als er und sie lassen sich nur durch größte Kraft-
anstrengungen oder heimtückische Tricks aus der Balance bringen, während der vertikale Mensch dazu nur
einen geschickten Schubser braucht.

Auch die Blutverteilung ist in einem aufrechten
Körper ein großes Problem. Fast jeder Mensch hat

schon einmal bei zu unvermitteltem Aufstehen ein Schwindelgefühl erlebt, weil sein Kreislauf das Gehirn in dem Moment nicht ausreichend mit Sauerstoff versorgen konnte. So etwas ist anderen Säugetieren, die mehr oder weniger in der Waagrechten bleiben, in der Regel unbekannt. Wobei diese Regel eine prominente Ausnahme hat: die Giraffe. Aufgrund ihres langen Halses hat sie gelegentlich auch Kreislaufprobleme und Schwindelattacken. Aber sie hat ja schon einen Platz in diesem Buch gefunden.

Auch die menschliche Lunge glänzt nicht gerade durch Perfektion. Das besondere Problem des menschlichen Atemorgans: Es verschenkt einen Teil seines Potenzials. Die Luft strömt zunächst hinein, verweilt einen Augenblick zum Gasaustausch und wird schließlich wieder ausgeblasen. Die verbrauchte Luft wird jedoch nicht komplett ausgeatmet und so kommt es in den Atemwegen zu einer Vermischung von sauerstoffreicher und sauerstoffarmer Luft. Unsere Lungenbläschen müssen sich also fortwährend mit Mischluft zufriedengeben. Wenigstens können wir uns damit trösten, dass auch andere Säugetiere dieses Problem haben. Im Unterschied zu den Vögeln, die durch ein Blasebalgsystem die sauerstoffreiche Luft weitaus besser nutzen können. Sie können innerhalb des gleichen Zeitraums drei Mal mehr Frischluft einatmen als ein Säugetier vergleichbarer Größe.

Die Mängelliste des Menschen ließe sich nahezu beliebig weiterführen. Warum müssen wir uns mit Zähnen herumplagen, in deren Kern ein extrem empfind-

licher Nerv zur Schmerzwahrnehmung liegt und die mit einem Zahnschmelz ausgestattet sind, der so weich und empfindlich ist, dass ihm schon Zuckerbonbons etwas anhaben können? Und überhaupt: Warum haben wir eigentlich Schmerzen? Manchmal mögen sie ja sinnvoll sein, weil sie uns davor bewahren, etwas zu tun, das uns schadet, oder weil sie uns während einer Krankheit zur Schonung zwingen. Aber die verheerenden Schmerzen eines Krebspatienten nutzen niemandem mehr etwas und selbst der Hexenschuss macht keinen Sinn, nachdem die Medizin mittlerweile erkannt hat, dass Patienten mit Rückenschmerzen so viele Bewegungen wie nur möglich machen sollten, um die Muskeln zu entspannen und die Durchblutung im Bereich der Wirbelsäule aufrechtzuhalten.

Warum können wir nicht gleich komplett schmerzfrei sein wie der Nacktmull? Der kann machen, was er will, kann sich seine blanke Haut in der Sonne verbrennen oder beim Graben den Zahn abbrechen – er merkt nichts davon. Trotzdem funktioniert er tadellos. Warum hat uns die Evolution nicht wenigstens ein bisschen was von diesem Nacktmullparadies abgegeben?

Immerhin: Ein Organ, von dem wir immer dachten, dass es sinnlos wäre, hat doch einen Sinn. Wissenschaftler der Duke University in Durham, North Carolina, fanden nämlich heraus, dass der Blinddarm ein Reservoir für wichtige Darmbakterien ist, die dort sogar schwerste Durchfälle überstehen können. Wenn also unsere Darmflora nach einer Diarrhoe oder einer antibiotischen Behandlung angeschlagen ist, kann sie mithilfe dieser Reserven schnell wieder aufgeforstet werden. Der Wurmfortsatz ist also mehr als nur ein Überbleibsel aus alten Zeiten, das nichts als Ärger macht. Für unsere Darmflora spielt er immer noch eine große Rolle, er ist unsere stille probiotische Reserve.

Für die Nahrungsmittelindustrie mag dies eine schlechte Nachricht sein, weil sie letzten Endes bedeutet, dass jemand, der noch seinen Blinddarm hat, keine Probiotika aus dem Supermarkt kaufen muss. Wir indes sollten es vor allem als Warnung davor nehmen, nicht vorschnell und abschließend über den Sinn oder Unsinn eines Organs oder auch einer Verhaltensweise zu urteilen. Durchaus möglich, dass sich etwas, das uns zunächst sinnlos, überflüssig oder einfach nur schräg vorkommt, bei näherem Hinsehen als großer Trumpf im Kampf ums Überleben herausstellt. Dies sollten wir bei allem Spaß an den Pleiten und Pannen im Bauplan der Natur nicht vergessen. Denn unsere Urteile können mindestens genauso fehlerhaft sein. Das wusste schon Immanuel Kant:

Irrtümer entspringen nicht allein daher, weil man gewisse Dinge nicht weiß, sondern weil man sich zu urteilen unternimmt, obgleich man noch nicht alles weiß, was dazu erfordert ist.

Jörg Zittlau

Warum Robben kein Blau sehen und Elche ins Altersheim gehen

Pleiten und Pannen im Bauplan der Natur

ISBN 978-3-548-37222-8
www.ullstein-buchverlage.de

Wir leben keineswegs in der »besten aller Welten«, sondern in einer Welt voll unzulänglicher Wesen. Viele Tiergattungen haben skurrile Eigenarten entwickelt, die nicht gerade dazu dienen, ihr Überleben zu sichern. Da lieben Nattern Speisen, mit denen sie sich vergiften; Robben sind ausgerechnet für das Blau des Meeres farbenblind und Schwäne verlieben sich in Tretboote. Alle diese Arten sind trotz ihrer Handicaps der natürlichen Auslese entgangen und Jörg Zittlau erklärt uns, weshalb.

ullstein

Jörg Zittlau

Frauen essen anders, Männer auch

Fakten und Hintergründe zum Speiseplan der Geschlechter

ISBN 978-3-548-36585-5
www.ullstein-buchverlage.de

Currywurst oder Sojasprossen? Stilvoll oder auf die Schnelle? Jörg Zittlau, Autor zahlreicher Gesundheits- und Ernährungsratgeber, nimmt die Geschlechterdifferenz in Fragen der Ernährung unter die Lupe. Er zeigt, dass die unterschiedlichen Speisepläne von Mann und Frau zuweilen mit körperlichen oder psychisch begründeten Bedürfnissen, mehr aber noch mit kulturellen Traditionen und gesellschaftlichen Normen zu tun haben.

ullstein

Frank Ochmann

DIE GEFÜHLTE MORAL
Warum wir Gut und Böse unterscheiden können

304 Seiten. Gebunden mit Schutzumschlag
ISBN: 978-3-550-08698-4

Die neue Definition von Gut und Böse

Jüngste Erkenntnisse der Neurobiologie bergen sozial Brisantes:
Moralisches Handeln ist kein Produkt des Verstandes,
sondern Teil der Evolution. Es gibt keine universelle Moral.
Was aber ist dann die Grundlage unserer Werte?
Anhand aktueller Studien beschreibt Frank Ochmann die
neurobiologische Krise der Moral und ihre Bedeutung für
Philosophie und Religion. Er zeigt, wie riskant es für eine
Gesellschaft ist, wenn die moralisch bindenden Kräfte
schwinden, und sagt, auf welche Grundlage wir unsere Werte
stellen müssen, um dieser Gefahr zu entkommen.

»Frank Ochmann führt die neuen Entdeckungen an der
Schnittstelle von Moral und Biologie zu einer durchdachten
Gesamtansicht zusammen.«
Antonio Damasio

ullstein

Richard Dawkins

DER GOTTESWAHN

Aus dem Englischen
von Sebastian Vogel
576 Seiten. Gebunden mit Schutzumschlag
ISBN: 978-3-550-08688-5

Eine furiose Streitschrift wider die Religion.

Richard Dawkins, einer der einflussreichsten Intellektuellen
der Gegenwart, zeigt, warum der Glaube an Gott einer
vernünftigen Betrachtung nicht standhalten kann – brillant und
bei aller Schärfe humorvoll. In diesem leidenschaftlichen
Plädoyer für die Vernunft zieht er gegen die Religion zu Felde:
Wenn wir die Kritik an den Religionen zum Tabu erklären,
laufen wir Gefahr, von Fundamentalisten jedweder Couleur
dominiert zu werden.
Ein wichtiges Buch, das zu einem brennend aktuellen Thema
eindeutig und überzeugend Position bezieht.

»Ein großartiges, mutiges Buch.«
Guardian

»Eine ausgedehnte Erfrischungskur für den Verstand.«
Sunday Times

ullstein

Hunde mitzubringen ist erlaubt.

Ein literarischer Salon
Angelika Overath und Manfred Koch (Hrsg.)

288 Seiten. Gebunden mit Schutzumschlag.
ISBN: 978-3-471-78311-5

Über die Jahrhunderte hinweg haben sich die Dichter immer wieder mit dem Hund beschäftigt. Sie haben seine Fähigkeiten gerühmt und seine Treue zum Menschen erst zum Sprichwort gemacht.

Angelika Overath und Manfred Koch haben die schönsten und geistreichsten Geschichten über Hunde zusammengestellt. Homer, Cervantes und E.T.A. Hoffmann, wie auch Ernst Jandl und Pavel Kohout haben den Hund verewigt. Kafkas Lufthunde schwärmen von ihrem wunderbaren Beruf, Gogols Hundechor beweist die Musikalität der Vierbeiner. Doch auch erklärte Hundehasser kommen zu Wort, so etwa Leibniz: »Der Hund ist ein von Flöhen bewohnter Organismus, der bellt«. Ein bibliophiles Geschenkbuch für alle Hundeliebhaber.

List